U0388665

安心家庭

常用食材
安全鉴别指南

巩宏斌◎主编

黑龙江科学技术出版社
HEILONGJIANG SCIENCE AND TECHNOLOGY PRESS

图书在版编目（CIP）数据

常用食材安全鉴别指南 / 巩宏斌主编 . -- 哈尔滨：黑龙江科学技术出版社，2018.5
（安心家庭）
ISBN 978-7-5388-9605-3

Ⅰ. ①常… Ⅱ. ①巩… Ⅲ. ①食品－鉴别－指南 Ⅳ. ① TS201.6-62

中国版本图书馆 CIP 数据核字 (2018) 第 058797 号

常用食材安全鉴别指南

CHANGYONG SHICAI ANQUAN JIANBIE ZHINAN

作　　者　巩宏斌
项目总监　薛方闻
责任编辑　梁祥崇 许俊鹏
策　　划　深圳市金版文化发展股份有限公司
封面设计　深圳市金版文化发展股份有限公司
出　　版　黑龙江科学技术出版社
地址：哈尔滨市南岗区公安街 70-2 号　邮编：150007
电话：（0451）53642106　传真：（0451）53642143
网址：www.lkcbs.cn
发　　行　全国新华书店
印　　刷　深圳市雅佳图印刷有限公司
开　　本　685 mm × 920 mm　1/16
印　　张　13
字　　数　180 千字
版　　次　2018 年 5 月第 1 版
印　　次　2018 年 5 月第 1 次印刷
书　　号　ISBN 978-7-5388-9605-3
定　　价　39.80 元

目录
CONTENTS

Part 1 常见的大众食品安全问题

002 了解食品安全，为健康把关

002 食品安全的含义

002 食品安全的标准

003 如何保障食材安全

004 注意卫生，预防食源性疾病

004 食源性疾病的危害

005 食源性疾病的预防措施

006 初步了解安全食品类别

006 无公害食品

006 绿色食品

008 有机食品

009 教你认识六类食材
009 粮豆类
010 蔬菜类
011 水果及干果类
012 畜禽蛋类
013 水产类
014 饮品及调料调味品类

Part 2 粮豆类

016 大米
018 小米
019 糙米
020 高粱
021 黑米
022 玉米
024 燕麦
025 绿豆
026 黑豆
028 红豆
029 腐竹
030 豆腐
032 豆干
034 千张

Part 3 蔬菜类

036 绿豆芽
038 豇豆
040 扁豆
042 四季豆
045 娃娃菜
046 白菜
048 生菜
050 菠菜
052 韭菜
054 蒜薹
056 空心菜
058 芹菜
060 油菜
062 西蓝花
064 花菜
066 黄瓜
068 苦瓜
070 丝瓜
072 南瓜
074 冬瓜
075 土豆
078 白萝卜
080 胡萝卜

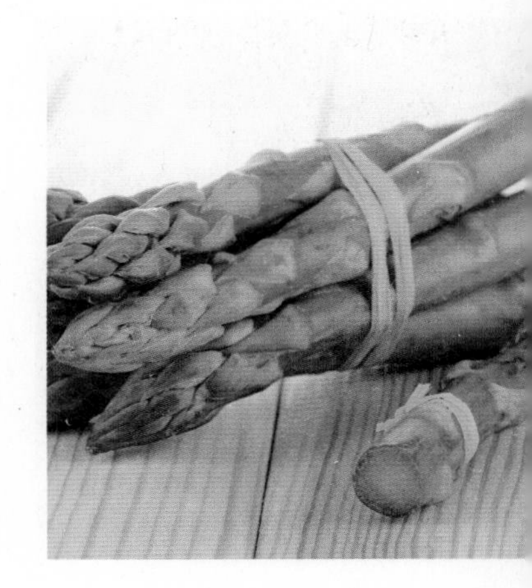

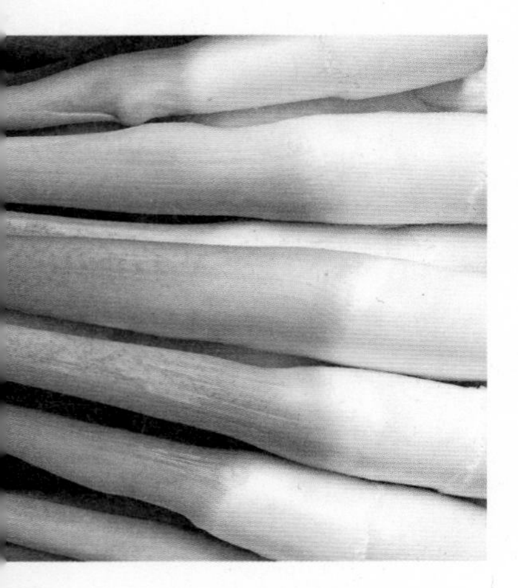

082 西红柿
084 茄子
086 莴笋
088 莲藕
090 芋头
092 山药
094 芦笋
096 荸荠
098 茭白
100 百合
102 辣椒
104 银耳
106 黑木耳
108 口蘑
110 金针菇
112 竹笋

Part 4 水果及干果类

114 香蕉
115 樱桃
116 梨
117 橙子
118 桃子
120 草莓
122 桑葚

124 蓝莓
125 苹果
126 西瓜
128 火龙果
129 花生
130 核桃
132 红枣
134 桂圆
136 莲子

Part 5 畜禽蛋类

138 腊肉
140 猪肉
143 猪血
146 猪蹄
148 猪肝
150 牛肉
152 牛百叶
154 羊肉
156 鸡肉
158 鸡翅
160 鸭蛋
162 鸡蛋
164 松花蛋

Part 6 水产类

166 海带
168 紫菜
170 海参
172 带鱼
174 鳕鱼
176 鱿鱼
179 虾

Part 7 饮品及调料调味品类

182 酸奶
184 牛奶
187 啤酒
188 黄酒
189 白酒
190 葡萄酒
192 黄油
193 食用油
196 白糖
198 蒜
199 葱
200 生姜

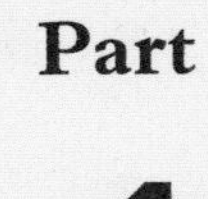

Part 1 常见的大众食品安全问题

了解食品安全，为健康把关

食品安全的含义

食品安全问题是我国乃至世界都急需解决的一个问题。我国颁布的《中华人民共和国食品安全法》第十章附则第一百五十条对“食品安全”有一个具体的定义：食品安全，指食品无毒、无害，符合应当有的营养要求，对人体健康不造成任何急性、亚急性或者慢性危害。

食品安全共有三层意思，即食品数量安全、食品质量安全和食品可持续安全。

1. 食品数量安全

一个国家或地区能够生产民众基本生存所需的膳食。要求人们既能买得到又能买得起生存生活所需要的基本食品。

2. 食品质量安全

食品质量安全指提供的食品在营养、卫生方面满足和保障人们的健康需要，食品质量安全涉及食品、是否有毒、添加剂是否违规超标、标签是否规范等问题，需要在食品受到污染之前采取措施，预防食品污染和遭遇主要危害因素侵袭。

3. 食品可持续安全

这是从发展角度要求食品的获取需要注重生态环境的良好保护和资源利用的可持续。

食品安全的标准

食品安全最为重要的是食材的安全，食材的安全是保证食品安全及健康的基础。每一种食材在种植、收获、加工、运输及销售等环节中都会受到多种因素的影响，不论是哪一环节和环境的变化，都要以安全为先，都会有一个既定的标准。如果每一种食材生产制作过程的各个环节都执行标准，我们的健康才会有所保障。具体标准如下：

①与食品相关的致病微生物、农药残留、重金属、污染物质及其他危害人体健康物质的限量规定。

②食品添加剂的品种、使用范围及剂量的规定。

③专供婴幼儿的主辅食品的营养成分要求的规定。

④对与营养有关的标签、标识、说明书的要求的规定。

⑤与食品安全有关的质量要求的规定。

⑥食品检验方法与规程。

⑦其他需要制定为食品安全标准的内容的规定。

⑧食品中所有的添加剂必须详细列出的规定。

⑨食品中禁止使用的非法添加的化学物质的规定。

如何保障食材安全

在日常生活中，我们该如何保障购买到的食材是安全无危害的呢？

1. 挑选

挑选时尽量选择有保障的市场、超市，这类场所的鲜活食材大多会经过检验检疫后上架销售；挑选包装商品时，应注意查看包装是否完整，标签上基本信息是否标明，文字是否清晰。

2. 储存

选购时尽量少量多次，购买后尽快食用，储存应根据食材本身特点选择相应储存条件。

3. 处理及烹调

在清洗食材时用浸泡或流水冲洗等方法充分洗净，处理时做到生熟食材及处理器具分开，避免交叉污染。

注意卫生，预防食源性疾病

食源性疾病的危害

食源性疾病是指通过摄食而进入人体的有毒有害物质所造成的疾病。一般可分为感染性疾病和中毒性疾病，包括常见的食物中毒、肠道传染疾病、人畜共患传染病、寄生虫病以及化学性有毒有害物质所引起的疾病。

无论是发展中国家还是发达国家，食源性疾病仍然是食品安全的最大问题。据 WHO 统计，全球每年发生食源性疾病数十亿人，每年有 180 万人死于腹泻性疾病，其中大部分病例可归因于被污染的食物或饮用水。

食源性疾病的问题在发展中国家更为严重，常见的致病因素有致病性微生物、天然毒素、寄生虫和有毒化学物等。其中最主要的原因之一是致病性微生物，常见的有沙门氏菌污染和黄曲霉毒素的感染。

食源性疾病的预防措施

①要避免生熟食的混放、混用，进而防止生熟食的交叉污染。

②新鲜食品要充分加热后再进食，不喝生水。

③在有卫生保障的超市或菜市场购买安全系数高的产品，不购买散装食品。

④高温炎热的夏季避免家庭自制腌制食品。

⑤吃剩下的饭菜尽量在 10℃以下的环境中贮藏，吃之前一定要充分加热。

⑥养成饭前便后洗手的良好卫生习惯。

初步了解
安全食品类别

无公害食品

谓无公害食品，指的是无污染、无毒害、安全优质的食品，无公害食品生产地环境清洁，按规定的技术操作规程生产，将有害物质控制在规定的标准内，并通过部门授权审定批准，可以使用无公害食品标志。

随着生活水平的提高和消费观念的转变，人们对饮食的要求越来越高，也日益关注更为健康、快捷的无公害食品。相对于绿色食品和有机食品的高价格，无公害食品低价、无危害的特点可以满足很大一部分消费者的需求。

在目前的生活环境技术条件下，生产出完全没有污染的农产品是很难的，无公害蔬菜是属于基本安全的范畴，比普通农产品合格或有更好的质量水平。无公害蔬菜，是说商品蔬菜中不含有相关规定不允许的有毒物质，并且将某些物质控制在规定范围之内，保证人们的食品安全。

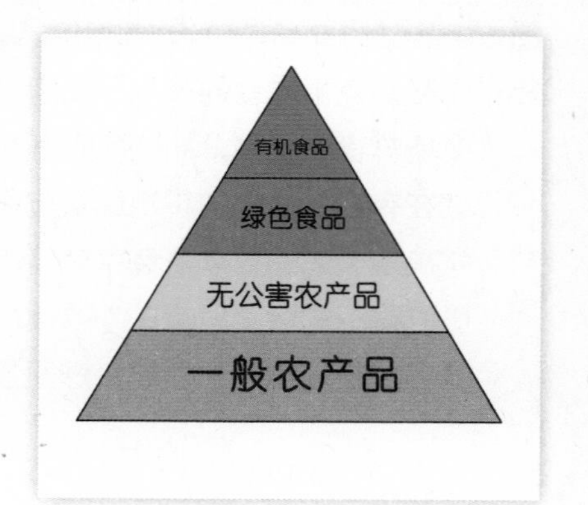

无公害蔬菜应达到“优质、卫生”，优质即品质好、外观好、符合蔬菜的营养要求，卫生即应达到农药残留不超标、不含有禁用的剧毒农药、硝酸盐含量不超标、工业三废和病原菌微生物等对商品蔬菜造成的有害物质含量不超标。

绿色食品

在 20 世纪，一些发达国家实现了工业现代化和农业现代化，但也带来了一些负面影响，这其中就包括污染问题。化学物品对水质和土壤的污染，通过食物链进入农作物及畜禽体内，使得人类的食物受到污染，最终对人的健康产生威胁。

为解决这个问题，在 20 世纪 80 年代初期，保护生态环境和提高食品安全性的“有机农业”思潮出现。一些国家采取不同的手段鼓励、支持本国农业的无污染食品的开发和生产。我国正是在这一大背景下，决定开发无污染、安全、优质的营养食品，并且将它们定名为“绿色食品”。

绿色食品，是指产自优良生态环境、按照绿色食品标准生产、实行全程质量控制并获得绿色食品标志使用权的安全、优质食用农产品及相关产品。

随着生活水平的不断提高，消费者的健康意识和环保意识在逐步增强，更多人愿意去选购较为健康的绿色食品。但是一些商家违规使用绿色食品标志去误导消费者，不仅使消费者的经济利益受到损害，而且有可能会危害到我们的健康。

我们在选购绿色食品时应注意以下 5 点：

①绿色食品产品的包装必须“四位一体”，即标志图形、“绿色食品”字样、编号及防伪标签。

②在“产品编号”正后或正下方有“经中国绿色食品发展中心许可使用绿色食品标志”字样，其英文为“Certified Chinese Green Food Product”。

③ A 级绿色食品的标志与标准字体为白色，底色为绿色，防伪标签底色也是绿色，标志编号以单数结尾；AA 级绿色食品的绿色标志与标准字体为绿色，底色为白色，防伪标签底色为蓝色，标志编号的结尾是双数。

④绿色食品的防伪标志在荧光下能显现该产品的标准文号和绿色食品发展中心负责人的签名。

⑤绿色食品的标签符合国家食品标签通用标准，如食品名称、厂名、批号、生产日期、保质期等。检验绿色食品标志是否有效，除了看标志自身是否在有效期，还可以进入绿色食品网查询标志的真伪。

有机食品

“有机食品”指的是采取有机耕作和加工的方式生产出的符合国际或国家有机食品要求和标准，并通过国家有机食品认证机构认证的一切农副产品及其加工品，包括粮食、食用油、菌类、蔬菜、水果、瓜果、干果、奶制品、禽畜产品、蜂蜜、水产品、调料等。

有机食品的主要特点是来自于生态良好的有机农业生产体系。有机食品的生产和加工，不使用化学农药、化肥、化学防腐剂等合成物质，也不用基因工程生物及其产物。更重要的是，有机食品的原料来自于有机农业生产体系或野生天然产品。因此，有机食品是一类真正来自于自然、富含营养、高品质和安全环保的生态食品。

其实有机食品是有机产品中的一类，有机产品除了有机食品外，还有棉、麻、竹、饲料等“非食品”。

有机食品一般包括有机农产品、有机茶产品、有机食用菌产品、有机畜禽产品、有机水产品、采集的野生产品以及以上述产品为原料的加工产品等。目前市场上销售的有机食品主要有蔬菜、大米、茶叶、蜂蜜、杂粮、水果等。

有机食品好处很多，也是我们国家现在正大力倡导的食品。有机食品含有较多微量元素及维生素，而重金属及致癌的硝酸盐含量则很低，对人体健康十分有益。有机食品在种植和生产过程中，一直保持着食材的天然成分和原有味道，因此有机食品的味道也很可口。有机食品最为重要的一个好处就是污染少，有机食品的生产是禁止使用农药的，这有利于保护土壤和环境。也正是因为有机食品健康无污染，所以其价格也比普通食品高一些。

教你认识 六类食材

粮豆类

在现代生活中，根据类别、性味等分类依据的不同，粮豆类的类别也就不同。按照种类，我们习惯性将粮豆类分为谷类、豆类、薯类 3 大类。

粮豆分类一览表

类别	相应介绍	对应食物
谷类	谷类是供给人体热能的最主要来源。除荞麦外，各种谷类种子都是由谷皮、糊粉层、胚乳、谷胚4个主要部分组成	大米、小米、糯米、大麦、小麦、玉米、燕麦、荞麦和高粱等
豆类	泛指所有能产生豆荚的豆科植物，是我国人民常食用的食物	大豆、蚕豆、绿豆、赤豆、豌豆、黑豆等
薯类	传统的观念认为，薯类主要提供糖类，通常把它们与主食相提并论。但是，现在发现薯类除了提供丰富的糖类外，还有较多的膳食纤维、矿物质和维生素，兼有谷物和蔬菜的双重作用	红薯、芋头、马铃薯、山药、荸荠等

蔬菜类

蔬菜可以分为叶菜类、根茎类、果菜类和菌类等，其种类不同，所含有的营养成分也有所不同。

蔬菜分类一览表

类别	相应介绍	对应食物
叶菜类	指以普通叶片或叶丛、叶球、变态叶为食用器官的蔬菜	菠菜、油菜、白菜、韭菜、苋菜等
根茎类	根菜类和茎菜类蔬菜的统称，指食用部位为根和茎的蔬菜	胡萝卜、白萝卜、马铃薯、洋葱、莲藕、山药、竹笋、荸荠等
果菜类	指以嫩果实或成熟的果实为食用器官的蔬菜	南瓜、冬瓜、黄瓜、丝瓜、苦瓜、茄子、辣椒、西红柿、四季豆、扁豆、豌豆、豇豆、毛豆等
菌类	菌类含有丰富的蛋白质，其含量是一般蔬菜和水果的几倍到几十倍，且菌类脂肪含量很低，多数是对人体健康有益的不饱和脂肪酸	香菇、木耳、银耳、口蘑等

水果及干果类

水果类是指可以直接生吃的植物果实，其含有丰富的维生素及其他营养物质，大多数有甜味，深受人们的喜爱。

水果分类一览表

类别	相应介绍	对应食物
浆果类	浆果是由子房或联合其他花器发育成柔软多汁的肉质果，外果皮为一层表皮，中果皮及内果皮几乎全部为浆质，是一种多汁肉质单果	葡萄、猕猴桃、无花果、杨桃、蓝莓和草莓等
柑橘类	柑橘类是橘、柑、橙、金柑、柚、枳等的总称。果形近圆形，果皮薄而光滑或厚而粗糙，橘络呈网状，橘瓣呈纺锤形，果肉酸或甜，少籽	金橘、蜜柑、甜橙、脐橙、西柚和柠檬等
核果类	核果类外果皮膜质，为果皮；中果皮肉质，为果肉；内果皮形成硬核，核内为种子	桃、李子、樱桃、杏、梅子、杨梅、红枣、橄榄、荔枝、桂圆等
仁果类	仁果类内果皮成果心，里面有种子，外果皮及中果皮与果肉相连，果皮果肉可食	苹果、梨、柿子、山竹、黑布林、枇杷、山楂、圣女果、火龙果等
瓜类	瓜类的果皮在老熟时形成坚硬的外壳，内果皮为浆质	西瓜、甜瓜、哈密瓜、木瓜等

干果是水果果实成熟时或人为加工后果皮呈干燥状态的果子。干果又分裂果和闭果，干果的果皮在成熟后可能开裂则为裂果，而干果的果皮不开裂则为闭果。包括板栗、榛子、腰果、核桃、瓜子、松仁、莲子、白果、杏仁、开心果、花生等。

畜禽蛋类

畜禽蛋类是指可食用的牲畜、家禽、蛋类等，是优质蛋白质的主要来源，具有很高的营养价值。

畜禽蛋分类一览表

类别	相应介绍	对应食物
畜肉类	畜肉又叫红肉，因含有肌红蛋白而使肉色呈现红色。其典型代表为猪、牛、羊等家畜，它们的肉与内脏都是我们日常生活中经常食用的高蛋白质食物	猪肉、排骨、猪肘、猪蹄、猪血、猪耳、猪肚、猪肠、猪肝、猪肺、猪腰、猪心、牛肉、羊肉等
禽类	主要指鸡、鸭、鹅等家禽的肉，禽肉也叫白肉，肌肉纤维细腻、脂肪含量较低、脂肪中不饱和脂肪酸含量较高	鸡肉、鸡翅、鸡爪、鸡胗、鸡心、鸭肉、鸭掌、鸭舌、鸭胗、鹅肉、鹅肝等
蛋类	禽类所产的蛋，如鸡蛋、鸭蛋、鹅蛋，以及加工后的蛋，如松花蛋、咸蛋，是人们常吃的食品	鸡蛋：粉壳鸡蛋、褐壳鸡蛋、白壳鸡蛋、红壳鸡蛋、绿壳鸡蛋 鸭蛋：青壳鸭蛋、白壳鸭蛋 鹅蛋：大白鹅蛋、大雁鹅蛋 皮蛋：松花鸭蛋、松花鸡蛋 咸蛋：咸鸭蛋、咸鸡蛋

水产类

水产是指在海洋、江河、湖泊里出产的动物或藻类的统称，大多数水产品肉质鲜美，口感独特，是百姓餐桌上常见的食物之一。

水产分类一览表

类别	相应介绍	对应食物
鱼类	鱼类栖居于所有的水生环境：淡水的湖泊、河流到咸水的大海和大洋。是一种冷血脊椎动物，用鳃呼吸，具有颚和鳍	黑鱼、草鱼、鲢鱼、鲫鱼、鲤鱼、黄鱼、带鱼、金枪鱼、鲈鱼、鳕鱼等
虾类	虾是一种生活在水中的长身动物，种类有很多	河虾、草虾、小龙虾、明虾、基围虾、龙虾等
蟹类	蟹是一种体形宽扁，没有发达的头胸甲，有1、2对触角，蟹足呈钳状的生物	绵蟹、方蟹、梭子蟹、关公蟹、沙蟹、青蟹等
贝类	贝类的身体柔软，不分节，由头、足、内脏囊、外套膜和贝壳5部分组成	田螺、海螺、鲍鱼、牡蛎、扇贝、蛤蜊、蚌等
海藻类	指生长在海中的藻类	裙带菜、海木耳、海白菜、海带、紫菜、石花菜等
其他水产类	除了鱼虾蟹贝，河、海中还有很多生物，它们形态各异，生活习性也各不相同，却也是水产的重要组成部分	海参、海蜇、海胆、甲鱼、乌龟、牛蛙等

饮品及调料调味品类

饮品即是指可直接饮用或按一定比例用水冲调后饮用的包装制品，包括流质或固体形态。其包括碳酸饮料、汽水、果蔬汁、绿茶、红茶、咖啡、牛奶、酸奶、奶茶、啤酒、葡萄酒等。

调料是人们用来调制食物口感的作料，通常指天然植物香辛料，如八角、花椒、桂皮等；而调味品则是用来调制食品的辅助用品，包括酱油、食盐、白糖、鸡精等。两者的作用差不多，都是为了让食物口感更好更鲜美，因此常合并一起说。

Part

2

粮豆类

大米

营养成分 大米主要营养成分包括蛋白质、糖类、维生素 B_1、维生素 B_2 及钙、铁等。

大米的安全选购

一看腹白	大米的腹部会有一个不透明的白斑，这个斑点越小，表示其中的水分越低，成熟度越好。斑点越大，则含水量越高，生长不太成熟。
二看硬度	大米的硬度越高，则说明蛋白质的含量越高，煮出来的米饭就更有嚼劲。一般情况下，新米的硬度比陈米大，水分少的米比水分高的米硬，晚熟籼（粳）米比早熟的籼（粳）米硬。
三看爆腰	爆腰是由于大米在干燥的过程中发生急热现象后，米粒内外的平衡被打破造成的。这种米煮熟时会发生外熟里生的情况，营养价值也损失了。所以选购的时候不要选择这种米粒上出现一条或更多条纹的大米。

接上表

四看新陈	上面也提到新米的硬度大，还有就是新米的颜色会比较鲜亮、通透。而陈米的颜色较黄，比较灰暗，用手抓一把，还会有很多碎屑。
五闻气味	优质的大米会有正常的米香味，时间久一点的米会有一股霉味或其他刺鼻的味道。

大米的食品安全问题

黄曲霉毒素的问题。黄曲霉毒素是一种毒性较强的物质，在谷物类、玉米、花生中污染的情况比较多。黄曲霉毒素在潮湿高温的环境中被感染的概率比较大，所以建议大家在超市选购大米时不要选择散称的大米。第一，散称的大米长时间暴露在空气中，很多营养成分被氧化，使得营养价值降低。第二，超市的温度会加大散称米中黄曲霉毒素污染的概率。

“香精大米”的问题。香米是一种具有特殊芳香的稻米，价格相对较高一些，所以就引来一些不法商贩用香精将普通的大米熏成香米进行售卖,获取利益。在选购这一类稻米时，我们需要选择大品牌、看标签上的产地、看一些认证标志，这样才比较安全。

小 米

营养成分 小米主要含有淀粉、蛋白质、脂肪、胡萝卜素、维生素 B_1、维生素 B_2 及钙、磷、铁等。

小米的安全选购

一看色泽	新鲜的小米色泽鲜亮有光泽，并且颜色均匀分布，呈金黄色。
二用手捻	手捻感觉有油性，并且有一定的湿润度的感觉则表示是新鲜的。
三闻气味	优质的小米闻起来会有一股淡淡的清香味，而不是其他异味。
四尝味道	尝一粒小米，味道微甜，无任何异味即是比较优质的小米。

小米的食品安全问题

我们在进行选购的时候一定要选择真空包装、食品标签标注齐全的小米。

市场上购买小米主要注意染色问题。如何鉴别是不是染色的小米呢？我们可以按上述的四种方法进行挑选，染色的小米闻起来会有明显的染色素的味道。其次用水泡小米，未染色的小米用水泡之后，颜色不黄，染色之后的小米，清洗之后颜色明显变黄。

糙米

营养成分 糙米中含有丰富的淀粉、蛋白质、维生素、膳食纤维、矿物质等营养物质，其中糙米中钙含量是大米的 1.7 倍，维生素 E 含量是大米的 10 倍，膳食纤维的含量是大米的 14 倍。

糙米的安全选购

一看颜色光泽	优质糙米的外表有光泽，颜色均匀。
二闻味道	优质糙米的味道有米的清香，没有其他的异常味道。
三看手感	优质糙米摸上去没有粉屑感，也不油腻，不易碎。

美食推荐

手机扫一扫
视频同步做

红薯糙米饭

高粱

营养成分 蛋白质、脂肪、糖类、粗纤维、维生素 B_1、维生素 B_2、烟酸及钙、磷、铁等。

高粱的安全选购

一看颜色	一般的食用白色高粱米颗粒饱满，质地均匀，有光泽。如用牙一咬两半，可以看到切面紧密排列。
二闻味道	取一把高粱米放入手中，然后用嘴对着吹热气，闻其味道。高粱米会有本身的米香气味，没有其他的不良气味。如果是品质不好的高粱米就会有霉味、酒味或其他的味道。
三尝一尝	好的高粱米尝起来会有淡淡的甜味，品质差的高粱米尝起来略有苦味或辛辣味，这样的高粱米就不要选购。

美食推荐

手机扫一扫
视频同步做

高粱红枣豆浆

黑 米

营养成分 主要营养成分含蛋白质、脂肪、糖类、B 族维生素、维生素 E 及钙、磷、钾、镁、铁、锌等。

黑米的安全选购

一看米心	将黑米一咬两半看米心，若米心是白色的，则是正常的黑米。如果米心是黑色的，则代表是经过染色的黑米，在浸染的过程中黑色会渗透到米心当中去。
二看光泽	正常生长的黑米光泽是鲜亮的。而劣质染色的黑米光泽比较暗沉。
三看泡米水	正常黑米泡出来的水是紫红色的，稀释以后还是这种颜色。染色黑米泡出来的颜色像墨汁一样是黑色的。

美食推荐

手机扫一扫
视频同步做

黑米绿豆粥

玉 米

营养成分 主要含蛋白质、脂肪、糖类、胡萝卜素、B族维生素、维生素E及钙、铁、铜等，除了可以提供人体必需的营养成分外，还有美容、减肥的功效。

玉米的安全选购

一看玉米外壳叶	叶子颜色呈现鲜绿色，不蔫巴，说明玉米比较新鲜。
二看玉米下端穗柄口	断口如果发黑色，则说明采摘时间太久，不新鲜了。
三看玉米须	玉米须外部稍微有点黑并且干干的，撕开一点外壳叶，发现里面的玉米须是黄白色，则是新鲜的。如果玉米须呈现蔫巴的状态，则不新鲜。
四看玉米粒	新鲜玉米粒的状态饱满多汁，用指甲轻轻掐一下，就可出汁水。如果是老玉米、放置很久的玉米，则掐不出汁水，中间是空的，而且干瘪。

玉米的食品安全问题

在外面购买煮好的玉米时，会发现商贩们煮出来的玉米特别甜，特别香。这时我们需要警惕不良商贩们为了让颜色和口感更好，在煮玉米的过程中加入甜蜜素或者是玉米香精。

添加过玉米香精煮出来的玉米，颜色会更加鲜亮，玉米粒更饱满，闻上去味道也更浓。甜蜜素、玉米香精没有任何营养价值，食用多了对我们的身体会产生伤害，所以在选购煮好的玉米时，一定要看看外观颜色、闻闻味道，再看看煮玉米的水是否浑浊，再决定是否购买。

美食推荐

炒红薯玉米粒

手机扫一扫
视频同步做

彩椒山药炒玉米

手机扫一扫
视频同步做

松仁玉米炒黄瓜丁

手机扫一扫
视频同步做

燕 麦

营养成分 燕麦的主要营养成分含有蛋白质、脂肪、维生素 E 及钙、磷、铁等。

燕麦的安全选购

一看成分表	选择燕麦的时候看一下成分表，当想买纯燕麦时，可看一下成分表里是否还添加了其他的物质。
二看外观	选择粒大饱满的燕麦粒，这样燕麦的营养价值才会损失少一点。
三根据自己的需求进行购买	燕麦是同时拥有可溶性和不可溶性膳食纤维的全谷物类。不可溶性膳食纤维多的燕麦片需要熬煮的时间比较久一点，但是在增加粪便的重量、预防和缓解便秘两方面更具优势一点。可溶性膳食纤维比较多的是袋装麦片，熬煮几分钟即可。

美食推荐

手机扫一扫
视频同步做

牛奶燕麦粥

绿豆

营养成分 主要含蛋白质、脂肪、糖类、B 族维生素及钙、磷、铁等。

绿豆的安全选购

一看外观	优质的绿豆颗粒饱满，大小均匀，外皮呈鲜绿色，白色隔纹明显。劣质的绿豆色泽暗淡，颗粒大小不均，饱满度差，并且破碎的多。
二闻气味	抓一把绿豆，向其吹一口热气，或者用双手互搓一下，然后立即嗅闻气味。优质绿豆具有正常的豆香味，没有其他异味。若呈现其他异味或霉变味道，则属于劣质绿豆。

美食推荐

手机扫一扫
视频同步做

绿豆薏米汤

黑 豆

营养成分 黑豆含有丰富的蛋白质、脂肪、维生素、花青素及钙、锌、铜、镁、钼、硒、氟等。

黑豆的安全选购

一看外观	正常的黑豆表面会有一个小白点。如果黑豆经过染色，小白点也将会全变成黑色。
二看豆衣	黑豆的豆衣比较薄，将黑豆进行染色的话就会渗透其中，剥开后就会发现染色豆衣内侧也变了色。剥开豆衣如果里面是白色或者青色的，就是真黑豆。
三擦表皮	真黑豆用力在白纸上擦，不会掉色。而染色黑豆的颜色经摩擦就会留下痕迹。在超市进行选购时，可以用湿巾擦拭黑豆，如果是染色黑豆的话，就会在湿巾上留有颜色。

美食推荐

黑豆甜玉米沙拉

手机扫一扫
视频同步做

山楂黑豆瘦肉汤

手机扫一扫
视频同步做

冬瓜黑豆饮

手机扫一扫
视频同步做

红 豆

营养成分 红豆主要含蛋白质、脂肪、糖类、B 族维生素及钾、铁、磷等。

红豆的安全选购

一看表面	表面色泽呈赤红色，颗粒紧实而饱满，大小均匀，则是优质红豆。如果表皮皱，颗粒暗沉，大小不均，则是劣质红豆。
二闻味道	豆子本身都有豆腥或豆香味。如果闻到异味，则是变质的红豆。
三用盐水沉降法选择	将红豆完全浸泡在淡盐水中，如果红豆下沉，全部浸泡其中则是好红豆。浮在水面上的就是劣质红豆。

美食推荐

手机扫一扫
视频同步做

红豆玉米粽子

腐 竹

营养成分 腐竹主要含蛋白质、脂肪、磷脂、多种矿物质等，一般人群均可食用。

腐竹的安全选购

一观色泽	腐竹以色泽麦黄、略有光泽的为佳。质量较差的腐竹颜色多呈灰黄色、黄褐色，色彩较暗。有些腐竹，还可能色彩不均匀，深浅不一，属劣质产品。
二看外观	好的腐竹，迎着光线能看到瘦肉状的一丝一丝的纤维组织；质量差的则看不出。还可以看腐竹的断面（散装的也可折断再观察），呈现蜂窝状空心的质量较好。
三闻气味	腐竹由黄豆制成，闻起来有豆香味。没有气味的腐竹，质量稍差。如果有其他气味，如苦涩、酸臭等刺激性气味就不要买了。
四用水泡	买回家的腐竹，可以先掰一小段在水中浸泡。泡过的水呈淡黄色且不浑浊的，质量较好。好腐竹用温水泡过后，轻拉有一定韧性，且能撕成一丝丝的。

豆腐

营养成分 主要含蛋白质、脂肪、糖类、维生素、矿物质、大豆磷脂等。

豆腐的安全选购

一看色泽	优质豆腐所呈现出来的颜色是均匀的乳白色或淡黄色，是豆子磨浆的色泽。而劣质的豆腐颜色呈深灰色，没有光泽。
二看弹性	优质的豆腐富有弹性，结构均匀，质地嫩滑，形状完整。劣质的豆腐比较粗糙，摸上去没有弹性，而且不滑溜，反而发黏。
三闻味道	正常优质的豆腐会有豆制品特有的香味。而劣质的豆腐豆腥味比较重，并且还有其他的异味。
四尝口感	优质豆腐掰一点品尝，味道细腻清香。而劣质的豆腐口感粗糙，味道比较淡，还会有苦涩味。

豆腐的食品安全问题

常见的豆腐有三种，南豆腐、北豆腐和内酯豆腐。

南豆腐是用石膏做的豆腐，石膏主要成分是硫酸钙，所含水分比北豆腐高。

北豆腐是卤水点的豆腐，卤水主要成分是氯化钙和氯化镁。

内酯豆腐是用葡萄糖内酯点的豆腐，更鲜嫩，适合做汤。相比较而言，北豆腐的营养价值高一点，是优先选择的豆腐，其次是南豆腐。

关于豆腐的食品安全问题，需要注意的是豆腐的造假。造假豆腐是一些不良商贩使用淀粉、合成的蛋白、漂白剂以及一些食品添加剂制成的，这种豆腐营养价值低，味道口感方面都很差，大家可以利用上面的挑选方法来鉴别出真正的优质豆腐。

美食推荐

手机扫一扫
视频同步做

西红柿炖豆腐

豆干

营养成分 主要含有大量维生素 D、蛋白质、脂肪、糖类，还含有钙、磷、铁等多种人体所需的矿物质。

豆干的安全选购

一看色泽	优质豆腐干呈乳白色或者浅黄色，有光泽。劣质豆干颜色会比正常豆腐干的颜色深一点。
二看组织状态	优质豆腐干质地细腻，边角整齐，有一定的弹性，切开处挤压不出水，而且没有杂质的产生。劣质豆腐干的质地比较粗糙，边角也不整齐或有缺损，弹性差并且会有粘连，切开后还会挤出水珠。
三闻气味	优质豆干有特有的清香气味，没有其他的异味。而劣质的豆干豆香气味比较平淡。
四尝味道	优质豆腐干滋味纯正，咸淡适口。劣质豆腐干口味偏咸或偏淡。

豆干的食品安全问题

豆制品的安全隐患大多表现在生产加工方面，过量使用添加剂、使用劣质化学合成品冒充添加剂、生产过程中环境卫生不达标导致细菌污染等均可产生食品安全问题，这样制作出来的豆干如长期食用，容易给人们带来伤害，导致肝肾负担或引起食物中毒等问题。

美食推荐

牛肚炒豆干

手机扫一扫
视频同步做

腊八豆蒸豆干

手机扫一扫
视频同步做

豆干肉酱面

手机扫一扫
视频同步做

千张

营养成分 蛋白质、维生素 A、B 族维生素、维生素 D、维生素 E 等。

千张的安全选购

一看色泽	呈现出均匀一致的白色或淡黄色，且有光泽，则是优质的。呈现深黄色或色泽暗淡无光泽，则是劣质的，不宜选购。
二看外观	优质千张组织结构紧密细腻，并且富有韧性，软硬适中，厚薄均匀，不黏手，没有杂质。劣质的千张组织结构粗糙，厚薄不均，韧性差，而且会有黑点杂质。
三闻味道	好的千张具有豆制品的清香味，没有其他任何不良的气味。劣质的千张，豆制品本身的味道太淡，还会有其他异味的产生，不宜选购。

美食推荐

手机扫一扫
视频同步做

卤花肉千张结

Part 3 蔬菜类

绿豆芽

营养成分 主要含天冬氨酸、酪氨酸、维生素、膳食纤维等。

绿豆芽的安全选购

一看	优质的绿豆芽颜色略黄、有光泽，如果是使用了漂白制剂的绿豆芽，颜色过白并且光泽度会下降，这一类绿豆芽最好不要购买；绿豆芽并不是越粗越好，如果遇到“短粗状”的尽量不要购买，好的绿豆芽应看起来较为均匀，粗细适中；绿豆芽的长度不宜过长或过短，过长的绿豆芽可能是添加了催其生长的制剂；如果发现绿豆芽很短或者没有根部，这一类的绿豆芽尽量避免购买，很可能添加了抑制根部生长的药剂；如果绿豆芽根部过长，说明生长时间较长，比较老，在食用时会影响口感。
二掐	新鲜程度较高的绿豆芽用手指掐一下清脆易断，汁水充足。
三闻	没有使用药剂的新鲜绿豆芽闻起来有一股绿豆的香味；如果闻起来有刺鼻的气味很可能是加入了某些化学制剂。

绿豆芽的食品安全问题

豆芽作为豆制品的一种，深受人们的喜爱，但是市面上一度出现了“毒豆芽”，是由于不法分子往里添加了含有激素类农药的添加剂，以达到缩短生长周期、增加豆芽产量的目的。长期食用这些非法添加剂会对人的身体健康造成危害，导致某些疾病的发生。

添加药剂的目的主要体现在以下几个方面：加速生长周期和提高产量；防止在售卖的过程中腐烂；增加豆芽给人们的良好感官印象。“毒豆芽”看起来长度较长，个头均匀，且绝大多数的豆芽没有根须，看起来外观十分漂亮，但因泡水时间过短，还会残留一些药剂的味道。在选购时应多多注意这几方面。购买后豆芽应在水中泡一段时间，然后用流水冲洗，洗净后再进行烹调。

美食推荐

手机扫一扫
视频同步做

绿豆芽拌猪肝

豇豆

营养成分 豇豆主要含维生素B_1、维生素B_2、烟酸、膳食纤维及磷、钙、铁等。

豇豆的安全选购

一看外表	在选择时应挑选表皮无划伤、无破损、无斑点的。
二看颜色	首先，成熟度刚好的豇豆呈深绿色，时间放置越久，颜色会变浅发黄，所以在挑选的时候应挑选颜色翠绿的；其次，豇豆的尾部如果发黄，说明采摘时间和放置时间过长，新鲜度下降。
三看长短	在挑选时尽量选择长短粗细均匀的，过短或者过粗的豇豆说明比较老。
四看豆子	看豇豆上有豆子的地方，如果豆子越大说明越老，豆子比较小说明新鲜度较高，且水分较充足。
五听声音	掰断嫩的豇豆声音清脆，易折断；老一些的豇豆声音相对低沉，不易折断，韧性较好。

豇豆的食品安全问题

有关于“毒豇豆”的事件沸沸扬扬，造成了人们的一时恐慌。我们应该如何面对豇豆的食品安全问题呢？

选购时应去正规的商超和市场进行选购。

在清洗前可以先浸泡，然后用流动清水揉搓冲洗。

烹调时要熟透，充分加热。凉拌时，用沸水焯熟后方可食用。

民众应正确对待农药残留问题，符合国家规定的产品在食用时才不会对我们的身体造成损害。

美食推荐

手机扫一扫
视频同步做

豇豆肉片

扁豆

营养成分 扁豆主要含维生素A原、维生素B_1、维生素B_2、维生素C、酪氨酸酶及钙、磷、铁等。

扁豆的安全选购

一看外观	外观较光亮、肉较多、不显籽的扁豆为好，新鲜度较高；若皮较薄、籽较为明显、光泽度较差，说明生长时间过长，已经过老。
二闻味道	将扁豆掰开有一股淡淡的清香，肉多水嫩的新鲜度较好，在烹调的时候口感较清脆。

扁豆的食品安全问题

有的人在食用扁豆后会过敏，如果出现红肿、经常性腹泻、头疼、咽喉疼痛等过敏症状时，应停止食用扁豆，严重时应就医。

在食用扁豆时，有时会出现中毒的现象，建议大家在处理扁豆时可以先用沸水焯过后再进行烹调，烹调时一定要彻底加热，这样可以破坏毒素活性，防止中毒。同时可以在出锅前加入大蒜，这样不仅能起到降解毒素的作用，还可以起到增香、调味的作用。在选购的时候，尽量去选择嫩的扁豆，这样也可以降低中毒的概率。

美食推荐

湘味扁豆

手机扫一扫
视频同步做

蒜香扁豆丝

手机扫一扫
视频同步做

卷心菜扁豆沙拉

手机扫一扫
视频同步做

四季豆

营养成分 富含维生素 A、维生素 C 以及钾、镁、铁等。

四季豆的安全选购

一看外观	选择豆荚饱满，形态修长的四季豆，这样的四季豆质量较优，烹饪后味道鲜美。
二看颜色	选择表皮光亮、色泽嫩绿、没有虫痕、较光滑的，这样的四季豆新鲜度较好。如果表面出现褐色斑点表明新鲜程度较低。
三试老嫩	新鲜四季豆较肥厚，易折断，没有“老筋”；若表皮发黄，纤维较为明显说明新鲜程度不高，品质较差。

四季豆的食品安全问题

为什么食用四季豆会中毒?

一般是由于四季豆中所含有的皂素和血球凝集素引起的。豆粒中含有红细胞凝集素，具有红细胞凝集作用，如果翻炒不熟，毒素不能被破坏，就可能引起中毒。

四季豆中毒的表现?

中毒多发生在进食四季豆后的 4~8 小时，一般有头晕、头痛、恶心、呕吐、腹痛、无力等症状，重者有流汗、血压下降等症状，病程长短不一，因人而异。

如何防止食用四季豆中毒?

其实预防中毒的方法很简单，只需要在烹调的时候将四季豆煮熟焖透，使原有嫩绿色的外观褪去，完全熟透。建议在烹调时先用沸水焯熟，再进行翻炒，使四季豆均匀受热，避免中毒。

美食推荐

干煸四季豆

手机扫一扫
视频同步做

四季豆荞麦面

手机扫一扫
视频同步做

椒麻四季豆

手机扫一扫
视频同步做

娃娃菜

营养成分 富含胡萝卜素、B 族维生素、维生素 C、叶酸及锌、钾、钙、磷、铁等。其中钾的含量比白菜高很多。

娃娃菜的安全选购

一闻味道	最好要有一种新鲜的蔬菜味道，如果有异味尽量不要选择。
二摸手感	如果有黏黏的感觉说明已经放置很久了，我们也不要选择。

娃娃菜的食品安全问题

娃娃菜的食品安全问题主要是利用甲醛，延长其保质期。

由于甲醛容易挥发，因此经过长时间运输和保存，在检测的时候就不会出现什么问题，甲醛含量就会比较小，但是如果种植户或者经销商真的使用过甲醛，那蔬菜中难免会有残留，那我们在选购的时候去正规的市场和超市购买，这样买到违法使用甲醛浸泡的娃娃菜几率小一些。甲醛极易溶于水，娃娃菜买回家后用流动的水多冲洗几次；在烹调时，应该彻底加热。

白菜

营养成分 主要含多种维生素、粗纤维及钙、磷、铁、锌等。

白菜的安全选购

一看外表	优质的大白菜要求菜叶新鲜、呈嫩绿色，菜帮洁白，包裹得较为紧密、结实，无病虫害。
二看黑点	在选购白菜的时候可以去看一下里面的叶子，看有无黑点，应选择没有黑点的。
三看大小	如果没有分量的限制，建议挑选大一点的，这种白菜可食用的叶茎比较多。
四用手感	差不多大小的白菜用手掂一掂，优质的会比较沉，结实的白菜在烹调时口感会比较甘甜。

白菜的食品安全问题

白菜属于草本植物，植株比较低矮，果实细嫩多汁，这些都导致它容易受病虫害和微生物的侵袭。因此，种植白菜的过程中，要经常使用农药。这些农药、肥料以及病菌等，很容易附着在白菜粗糙的表面上，如果清洗不干净，很可能引发腹泻，甚至农药中毒。

清洗白菜最好用自来水不断冲洗，流动的水可避免农药渗入果实中。并且注意不要把白菜蒂摘掉，去蒂的白菜若放在水中浸泡，残留的农药会随水进入果实内部，造成更严重的污染。

美食推荐

醋香白菜

手机扫一扫
视频同步做

糖醋辣白菜

手机扫一扫
视频同步做

生 菜

营养成分 主要含维生素、膳食纤维和丰富的矿物质。

生菜的安全选购

一看外观	选生菜时，选择手感较轻，外形接近圆形为佳。
二看叶子	叶子呈翠绿色，最外层叶子完整保存完好，无烂叶，无瘫软，这样的新鲜程度较高。
三看底部	球形生菜顶部较嫩，底部越白越好，这样的生菜新鲜程度越高；如果生菜底部呈酒红色，此类生菜新鲜程度较差一些。

生菜的食品安全问题

生菜，顾名思义生食比较多一些，同时相比起其他蔬菜来说，生菜的食品安全问题相对较少，但是如何食用生菜，有以下建议：

买回生菜后尽快食用完毕，避免长时间存放，避免新鲜度下降和腐烂后滋生细菌。

买回来的生菜应该用流动清水反复搓洗，或者可以先喷洒一些稀释的白醋，尽可能消除农药残留。

处理时选择手撕的方法，这样不仅能保持生菜原有形态，而且可以保证做出来的生菜口感和营养不被破坏。

如果食用不完进行储存的话，建议先洗净，甩干后放置冰箱内储存。

很多人喜欢用生菜做沙拉，建议将沙拉酱换成酸奶，这样可以有效减少脂肪的摄入，让沙拉更健康。

美食推荐

生菜鸡丝面

手机扫一扫
视频同步做

菠菜

营养成分 菠菜含维生素、胡萝卜素、膳食纤维、叶酸、草酸及铁、钾等。

菠菜的安全选购

一看叶片	叶片充分伸展、肥厚、颜色深绿且有光泽，如果叶片变黄、变黑或者叶片上有黄斑的菠菜最好不要选择。
二看茎部	如果有多处的弯折或者叶片开裂，说明放置时间过长，不宜选择。
三看根部	新鲜的菠菜根部呈现紫红色，若颜色变深，根部干枯，说明放置时间过长，不宜选择。

菠菜的食品安全问题

在种植过程中，种植户容易过度添加氮肥。氮肥经过氧气氧化或其他物质转化会变成硝酸盐，这将导致菠菜中含有大量的硝酸盐残留物。研究表明，硝酸盐经过新陈代谢会变成亚硝酸，亚硝酸会影响血红球抗氧化功能，使人易于疲劳。6 个月以下的婴儿对它尤为敏感，过量食用可能导致窒息。

美食推荐

海带丝拌菠菜

手机扫一扫
视频同步做

菠菜肉丸汤

手机扫一扫
视频同步做

双菇玉米菠菜汤

手机扫一扫
视频同步做

韭菜

营养成分 含有丰富的维生素 A、维生素 C 、膳食纤维及铁、钾等。

韭菜的安全选购

一看外表	选购韭菜时以叶肉肥厚，叶挺直，颜色鲜嫩，有光泽，无黄叶、烂叶、折页和斑点为宜，叶过于宽厚的韭菜大家慎选，有可能使用了农药或植物激素。
二看割口	观察割口断面是否整齐，如果割口整齐水分足，可用手掐断，表示新鲜程度较高；若中间有芯长出，则表明存放时间较长。
三看捆扎松紧程度	因韭菜需要经过捆扎才方便运输，一般捆扎较紧的表明新鲜程度较高，也可以拎起韭菜抖动，叶子轻飘表明新鲜程度高。

韭菜的食品安全问题

菜农在种植韭菜时使用的农药较多，若清洗不干净会造成对人体的伤害，建议大家在清洗时可以用淡盐水浸泡后再进行处理。

韭菜喜水生长，生长当中投入数量最多的当属肥料，但是农家肥短缺，菜农不得不加入化学复合型肥料，由于韭菜对亚硝酸盐的附着能力较强，若菜农以硝酸类肥料为主的话，易造成亚硝酸盐含量过高,食用后会导致中毒。

亚硝酸盐中毒症状：表现为发绀、胸闷、呼吸困难、呼吸急促、头晕、头痛、心悸等。中毒严重者还可出现恶心、呕吐、心率变慢、心律不齐、烦躁不安、血压降低、肺水肿、休克、惊厥或抽搐、昏迷。

如何避免亚硝酸盐中毒：不吃腐烂的蔬菜；不要在短时间内食用大量的蔬菜，或用开水焯熟后，弃汤食用。

美食推荐

手机扫一扫
视频同步做

肚条烧韭菜花

蒜薹

营养成分 主要含维生素、膳食纤维、矿物质等。

蒜薹的安全选购

一看外表	首先看一下有无外伤，是否较软，如果可以很大程度上的弯曲，这一类的蒜薹不新鲜。新鲜蒜薹外表光滑，粗细均匀，根部和顶部较齐。
二看颜色	在选购蒜薹时，建议选择深绿色的，口感比较好一些。
三选老嫩	在挑选的时候可以掐掉根部一小截，如果很容易就折断表明新鲜程度高，反之我们就不宜购买，但是注意不要折断太多，避免浪费。

蒜薹的食品安全问题

一、首先选择大型正规商超进行购买，此类商超对蔬菜都有一个相对严格的把控。

二、选择应季的时间购买和食用蒜薹，保证购买到的蒜薹是新鲜的。

三、在运输过程中，为防止腐烂和飞虫，菜农都会喷洒一定剂量的药剂，所以建议对买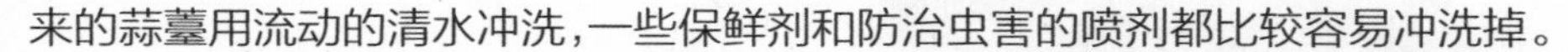来的蒜薹用流动的清水冲洗，一些保鲜剂和防治虫害的喷剂都比较容易冲洗掉。

四、在烹饪过程中，应注意烹饪的温度，高温有助于去除残留的药剂，最大限度的降低残留。

美食推荐

蒜薹拌鱿鱼

手机扫一扫
视频同步做

蒜薹木耳炒肉丝

手机扫一扫
视频同步做

蒜薹炒五花肉

手机扫一扫
视频同步做

空心菜

营养成分 主要含矿物质、烟酸、胡萝卜素、维生素B_1、维生素B_2、维生素C等。

空心菜的安全选购

一看叶子	挑选空心菜时应选择较为完整，没有根须和黄叶，叶子越绿表示越新鲜。
二看茎管底部	观察茎管底部是否有腐烂、变色的现象，避免选择该类空心菜。空心菜如果较为干燥和缺乏水分，说明放置时间过长，新鲜程度较低，不宜选购。
三看茎管粗细	茎管较细，菜梗偏绿的口感较为细腻；茎管较粗，菜梗偏白的口感较脆一些，可以根据自己的喜好进行选择。

空心菜的食品安全问题

有关空心菜食品安全的传言比较多，那究竟是怎么一回事呢?

空心菜是水生植物，整个生长过程都在水里。其实不然，空心菜生长对水质的要求还是比较高的，所以需要在特定的环境下才能进行水培，无法满足市场的需求，所以我们现在食用的空心菜大多是大地种植及大棚种植。

一度传言空心菜有吸附重金属的作用，其实植物所含重金属的含量取决于所种植环境重金属的含量，如果该环境不超标，则种植的任何蔬菜都不会超标。同时建议大家在选购的时候到正规商超进行购买，正规的商超都有着准入制度，这样可以从多方面进行把关，提供给大家安全的食品。

空心菜经过长时间的运输菜叶会蔫掉，一般都会种植在离蔬菜集散地较近的地区，所以建议大家空心菜随吃随买，不宜久放。

美食推荐

手机扫一扫
视频同步做

辣炒空心菜梗

芹 菜

营养成分 主要含维生素、膳食纤维及铁等。

芹菜的安全选购

一看根部	新鲜的芹菜根部呈翠绿色，色泽饱满，如果根部出现少量黄色斑点，说明储存时间较长。
二看芹菜叶	新鲜芹菜的叶子也应该是翠绿的，如果发现叶子泛黄色、蔫了、不平整，这样的芹菜也是放置时间过长的。
三看芹菜茎	在选购芹菜的时候通常选择颈部粗细一致、叶柄较直且整齐的。可以通过折断芹菜叶子来判断新鲜程度，容易折断的芹菜相对比较鲜嫩，反之就是生长和放置时间都较长的芹菜了。
四闻味道	芹菜有其独特的清香气味，如果味道较淡，建议大家不要购买。

芹菜的食品安全问题

菜农为保证蔬菜的新鲜和完整，在种植时多会采用喷洒农药等形式防治病虫害，但是这就给我们带来了食品安全的问题。

在选购时去正规的市场和超市进行选购，尽可能避免买到农药残留超标的芹菜。

在选购芹菜的时候闻一下是否有刺鼻的异味，表面是否有白色结晶，此类芹菜尽量不要购买。

在食用之前将芹菜流水冲洗，洗掉残留在表面的农药。

在烹调时要高温翻炒，如果使用芹菜制作凉拌菜时，应先在沸水中焯熟后再食用。

很多人认为芹菜叶是不能食用的，其实芹菜叶的营养价值比较高，可以洗净后焯水凉拌，口感较好。

油菜

营养成分 主要含B族维生素、维生素C、烟酸及钙、磷、铁等。

油菜的安全选购

一看叶子	选择油菜时一般选择叶子较短的，食用的口感较好。
二看颜色	油菜的叶子有深绿色和浅绿色，浅绿色的质量和口感要好一些。油菜的梗同样也有青和白之分，白梗的味道较淡，青梗味道更浓一些。
三看外表	选择外表油亮、没有虫眼和黄叶的，这样的油菜较为新鲜。
四用手掐	用手轻轻掐一下油菜的梗，如果容易折断，即为新鲜较嫩的油菜。

油菜的食品安全问题

购买的油菜需要尽快吃掉，不宜存放太久。长时间存放后由于细菌和酶的作用容易产生有害物质。

在清洗时注意反复清洗，避免农药残留所带来的危害。

烹调时宜选用急火快炒的形式，避免过多破坏其营养价值。

美食推荐

油菜奶油炖鸡肉

手机扫一扫
视频同步做

油菜素炒面

手机扫一扫
视频同步做

油菜紫甘蓝汁

手机扫一扫
视频同步做

西蓝花

营养成分 主要有胡萝卜素、维生素C及钙、磷、铁、硒等。

西蓝花的安全选购

一看品相	花球表面无凹凸，整体有膨隆感，花蕾紧密结实的西蓝花品质较好。
二看颜色	西蓝花应选择浓绿鲜亮，若发现有泛黄或者已经开花的，则表示过老或储存太久。有些西蓝花会略带紫色，属于正常现象，并不会影响口感。
三掂重量	同样大小花球的西蓝花，选择重的为宜，但是注意不要选择花梗过硬的西蓝花，这样的西蓝花生长时间过长，会影响食用口感。
四看叶子	因西蓝花在运输过程中需要冷藏，所以购买西蓝花时，选择叶色鲜绿，较为湿润的西蓝花。

西蓝花的食品安全问题

在处理西蓝花时，我们可以选择掰开或者在花梗处剪下，这样避免将花球弄散，在清洗的时候做到易清洗，容易将其中的残留物清洗出来。

在烹调西蓝花时，更为传统的方法是将其煮熟，但是这样会造成一部分的营养素损失较多，我们建议在烹调时用快炒、清蒸和焯水的方法，既可以保持口感，又能避免大量的营养素流失。

美食推荐

凉拌西蓝花

手机扫一扫
视频同步做

八爪鱼
炒西蓝花

手机扫一扫
视频同步做

花菜

营养成分 含丰富的维生素 C、维生素 A 原、维生素 B_1、维生素 B_2 及钙、磷、铁等。

花菜的安全选购

一看颜色	新鲜花菜颜色呈嫩白色或乳白色，有的花菜颜色会微黄；如果花菜颜色呈深黄色或者已有黑色斑点，表明花菜已经不新鲜或者放置时间过长。
二看花球	在选择时应尽量选择空隙小的，花球紧密结实，尚未散开的；已经散开的花菜表明过老或时间过长。
三看叶子	新鲜的花菜叶子呈翠绿色，全部展开叶子的花菜比较新鲜；若叶子已经萎缩甚至枯黄，说明花菜已经不新鲜。

花菜的食品安全问题

花菜的幼苗时期易患虫害，菜农们往往会在这个时候喷洒一些生物制剂起到保护的作用，所以在挑选的时候可以放心挑选。

在烹调前注意流水洗净，冲洗掉灰尘和杂物，烹调过程中，避免长时间水煮，保护营养不会大量流失和保持口感。

美食推荐

花菜火腿肠

手机扫一扫
视频同步做

江西农家烧花菜

手机扫一扫
视频同步做

藕片花菜沙拉

手机扫一扫
视频同步做

黄瓜

营养成分 主要含有膳食纤维、矿物质、维生素、丙醇等，并含有多种游离氨基酸。

黄瓜的安全选购

一看瓜刺	新鲜黄瓜表皮带刺，如果没有刺，说明生长期过长、采摘后放置时间较长，新鲜程度已经下降。以轻触瓜刺会掉为宜，瓜刺小而密的黄瓜口感比较好。
二看体型	黄瓜细长，粗细均匀的品质和口感较好；如果出现黄瓜肚大、尖头等情况则是发育不良，而尾部枯萎则表明采摘时间过长。
三看颜色	新鲜的黄瓜呈深绿色，发绿发黑且口感相对较好。颜色浅绿的黄瓜口感相对差一些。有的颜色呈现出黄色或者近似黄色，表明黄瓜比较老。
四看竖纹	口感较好的黄瓜一般表皮竖纹相对较突出，肉眼可观察到，用手可触及到；而表面光滑，无竖纹的口感相对来说差一些。

黄瓜的食品安全问题

我们在挑选黄瓜的时候都喜欢“顶花带刺”的，这样的黄瓜看起来会新鲜一些，但是某些“顶花带刺”的黄瓜也可能是涂抹了化学药品后起到的效果。正常成熟的黄瓜顶花在生长或者采摘的过程中一部分会自然脱落，花顶收缩后会有“疤痕”。

在购买黄瓜时最好去正规市场和商超，以将药剂残留所带来的食品安全问题的发生率降到最小。在清洗时，要用流水反复搓洗，或将黄瓜去皮食用。

美食推荐

黄瓜炒肉片

手机扫一扫
视频同步做

醋拌黄瓜肉片

手机扫一扫
视频同步做

糖醋黄瓜卷

手机扫一扫
视频同步做

苦瓜

营养成分 主要含维生素C、粗纤维、胡萝卜素和钙、磷、铁等。

苦瓜的安全选购

一看表皮	苦瓜表皮凹凸不平的颗粒越大越饱满，纹路较清晰，说明苦瓜果肉较嫩、较厚、苦味较小；如果颗粒比较小且较为密集且无规则排列，说明瓜肉相对较薄，苦味更重一些。
二挑外形	最好挑选类似于大米形状的苦瓜，两头尖，瓜身直，这一类的苦瓜品质较好。
三挑颜色	新鲜苦瓜呈翠绿色，光泽度较好；如果表面颜色发黄，光泽度下降，表明苦瓜已经老了，瓜肉不脆。
四挑重量	在购买苦瓜时，过轻或者过重的都不是很好，过轻生长时间不够，过重生长周期过长。

苦瓜的食品安全问题

任何事物都会有好坏两面性，食物也是如此。

苦瓜所含有的凝集素会抑制小肠壁上的蛋白质合成，从而出现一些胃肠道不适的现象。另外苦瓜还有引发“蚕豆病”的可能，有些人先天缺乏一种叫做“葡萄糖 -6- 磷酸脱氢酶”的蛋白，这一类人群如果摄入“蚕豆嘧啶葡糖苷”的物质，就可能会引发连串反应，导致溶血的发生。会引发乏力、头痛、胃肠不适及呕吐等中毒症状的出现。这些物质大多都存在于苦瓜籽中，所以建议大家在食用苦瓜的时候将籽全部去除掉。

美食推荐

甜椒拌苦瓜

手机扫一扫
视频同步做

鲈鱼老姜苦瓜汤

手机扫一扫
视频同步做

丝瓜

营养成分 主要含钙、磷、铁及维生素 B_1、维生素 C，还有皂苷、植物黏液、木糖胶等。

丝瓜的安全选购

一挑形状	要挑选外形均匀的丝瓜；一头或两头局部肿大的尽量不要选择。
二看表皮	看丝瓜表皮有无腐烂和破损，新鲜的丝瓜一般都带有黄花，尽量选择这一类的丝瓜。
三观纹理	观察丝瓜的纹理，新鲜较嫩的丝瓜纹理细小均匀；如果纹理明显且较粗，说明生长周期较长，丝瓜较老。
四看色泽	新鲜的丝瓜颜色为嫩绿色，有光泽；老的丝瓜表面光泽度较差，且纹理处黑斑相对较为明显。
五触手感	新鲜的丝瓜有弹性不柔软，整体较为充盈，果皮紧致有弹性采摘放置时间较长的丝瓜基本没有弹性，质感也比较软。

丝瓜的食品安全问题

建议在购买丝瓜时要根据食用的多少，少量多次购买，避免长时间存放。

当储存过久或者储存条件不够时，丝瓜会发生腐败变质的现象，这时会集聚糖苷生物碱这一物质，食用后会导致头晕、恶心、腹痛和腹泻等食物中毒症状，如果丝瓜储存时间较长，味道发苦，就应尽量避免食用。

美食推荐

鸡肉丝瓜汤

手机扫一扫
视频同步做

香菇丝瓜汤

手机扫一扫
视频同步做

鲜香菇烩丝瓜

手机扫一扫
视频同步做

南瓜

营养成分 主要含糖类、维生素 B_1、维生素 B_2、维生素 C、膳食纤维及钾、磷等，具有美容养颜，保护视力、提高免疫力、预防便秘的功效。

南瓜的安全选购

一根据需要选择老、嫩	南瓜可谓是老嫩皆宜，较嫩的南瓜表皮泛青，水分较多，果肉薄而脆，这样的南瓜适合做菜使用；相对老一些的南瓜表皮没有太多光泽，比较糙，瓜皮较厚瓜肉较多，这一类的南瓜适合蒸煮食用，味道较好，确定自己的口味和烹调方法以后，根据自己的需求来选择南瓜的品种。
二看外观	购买时应选择外观完整，果肉呈金黄色，同体积重量较重并且没有损伤和虫蛀的南瓜。最好选择带瓜梗的南瓜，这样的瓜说明摘下的时间短，易保存。
三闻味道	新鲜较嫩的南瓜一般没有太浓的味道，但是较老的南瓜有一股特殊的香气。
四听声音	将南瓜托于手上，轻轻敲打，如果声音听起来闷闷的，说明南瓜内部结构较为紧实，这样的南瓜品质和成熟度都较好。

南瓜的食品安全问题

有时候买南瓜后会发现，南瓜内可能会出现长芽的现象，这样的南瓜是不是会威胁到我们的食品安全问题呢？

南瓜本身就是有水分的，一旦有空气进入内部，周围达到一定的温度，种子便有了生长的条件，这样南瓜内部就有了发芽的现象。这一类南瓜如果表面没有腐烂，食用之前去掉种子发芽的部分，剩余部分仍可食用，只是口感、味道和营养价值都会不同程度的有所下降，所以建议大家最好食用新鲜的果蔬，已经发芽的就尽量少食用。

美食推荐

手机扫一扫
视频同步做

南瓜虾米冬粉

冬瓜

营养成分 主要含有矿物质、维生素，冬瓜籽中含有脂肪、瓜氨酸、不饱和脂肪酸等。

冬瓜的安全选购

一挑外皮	在挑选的时候看一下冬瓜的外皮是否有划痕或破损，挑选表面光滑，完好无损的冬瓜为宜。
二挑颜色	大多数的冬瓜外皮呈墨绿色，有的冬瓜表面会附着一层白霜，这类冬瓜较为新鲜。
四看质地	挑选质地较硬的为好，这样的冬瓜新鲜度较好。如果质地较软，说明存放时间长，新鲜度有所下降。

美食推荐

手机扫一扫
视频同步做

冬瓜瘦肉汤

土 豆

营养成分 主要含糖类、维生素 B_1、维生素 B_2、烟酸及磷、钙、铁等。

土豆的安全选购

一看外形	选择没有破皮、圆形的土豆，且越圆越好削。劣质土豆外形小而不均匀，有损伤或虫蛀孔洞、萎蔫变软、发芽或变绿、有腐烂气味的土豆都不宜购买。
二看颜色	土豆表面若有黑色类似瘀青的部分，其里面多半是坏的。冻伤或腐烂的土豆，肉色会变成灰色或呈黑斑，水分收缩。
三看质地	起皮的土豆又粉又甜，适合蒸、炖。表皮光滑的土豆比较结实、脆，适合炒丝。

土豆的食品安全问题

土豆中毒的症状：常常表现为咽喉发痒、口舌发麻、胸口疼痛，并伴有恶心、呕吐、腹痛、腹泻等症状。症状较轻的在 1 ~ 2 小时后会通过自身的解毒功能而自愈；症状较重的，如出现体温升高、反复呕吐、瞳孔放大、怕光、耳鸣、抽搐、呼吸困难、血压下降，就一定要尽早送医院治疗。

为什么食用品质差的土豆会中毒：土豆中含有一种叫“龙葵碱”的毒素。在质量好的土豆和成熟的土豆中，龙葵素的含量极少，每 100 克中只含龙葵素 10 毫克；而在土豆皮里含量最多，储存温度高于 25℃时土豆里的龙葵素会大大增加。

摄入多少量的龙葵素会引发中毒：吃极少量的龙葵素对人体没有明显的害处，但是如果一次吃进 200 毫克龙葵素，即约半两变质的土豆，在 15 分钟至 3 小时内就会出现中毒症状。尤其是发芽、青紫色的部位毒素含量最高，吃了更容易引起中毒。

土豆中毒一般发生在春季及夏初季节：这时的天气潮湿温暖，对土豆的保存不当，就会引起发芽，我们把土豆放在低温、无阳光直射的地方，可以防止发芽。而发芽过多或皮肉大部分变色的土豆是万万不能吃的。

少许发芽但是未变质的土豆也可以吃：如果是少许发芽但是未变质的土豆，可以将发芽的芽眼彻底挖去，将皮肉青紫的部分削去，去皮后浸水 30 ~ 60 分钟，使残余毒素溶于水中；烹调时加食醋，充分煮熟再吃，高温和醋能加速龙葵素的分解，使之变为无毒。

美食推荐

酸辣
土豆丝

手机扫一扫
视频同步做

酱香
土豆片

手机扫一扫
视频同步做

烤土豆
小肉饼

手机扫一扫
视频同步做

白萝卜

营养成分 主要含B族维生素、维生素C、膳食纤维、芥子油、淀粉酶及铁、钙、磷等。

白萝卜的安全选购

一看外形	品质较好的白萝卜应个体大小匀称，外形圆润。
二看萝卜缨	新鲜的白萝卜萝卜缨新鲜，呈绿色，无黄叶、烂叶；若萝卜缨已经萎软，表明白萝卜放置时间较长，新鲜程度下降；如果根部生长出许多小须，说明放置时间较长，肉质较老，口感下降。
三看表皮	白萝卜外皮应光滑，皮色较白嫩；若皮上有黑斑，或者透明瘢痕，表明生长周期或放置时间较长，新鲜程度下降，已经变老。同时应看外表有无开裂或分叉，此类白萝卜的品质稍差且不易储存。
四看大小、掂重量	挑选白萝卜时不易挑选过大的萝卜，中小型为好，这种白萝卜肉质比较紧密、充实，口感相对硕大的白萝卜来说要好一些。同样大小的白萝卜应选择较沉的，分量足的。

白萝卜的食品安全问题

白萝卜的食品安全问题主要是在种植过程中使用的农药含有过量重金属以及食用前没有做好清洗工作有农药残留这两点。

由于新鲜白萝卜本身售价较低，而使用添加剂是一笔大消费，所以一般不存在非法使用添加剂的问题。

美食推荐

蒸白萝卜

手机扫一扫
视频同步做

白萝卜
炖羊排

手机扫一扫
视频同步做

白萝卜蛤蜊
椰子油汤

手机扫一扫
视频同步做

胡萝卜

营养成分 富含胡萝卜素、B 族维生素、维生素 C、糖类等。

胡萝卜的安全选购

一看外表	在挑选胡萝卜的时候要仔细观察胡萝卜是否有裂口、斑点、虫眼或者疤痕，不要购买这一类的胡萝卜；应购买外皮光滑，色泽鲜亮的。
二看大小、掂重量	在挑选胡萝卜的时候，太大的可能生长时间过长，太小的可能成熟度不高，选择适中的就可以了；同样大小的选择分量重的，相对轻一些的可能会有空心的现象出现。
三看颜色	新鲜胡萝卜的颜色大多呈现橘黄色，颜色光泽度比较好，颜色较为自然。
四看叶子	新鲜胡萝卜的叶子呈鲜绿色，比较清脆；如果叶子发软，有黄叶、烂叶，说明胡萝卜不太新鲜，放置时间过长。

胡萝卜的食品安全问题

喜欢吃胡萝卜的朋友也要注意节制，胡萝卜中富含胡萝卜素，若进食过量可使血液中胡萝卜素含量明显增高，易患全身皮肤发黄症状的胡萝卜素血症。不过不用过于担心，停止食用胡萝卜素含量高的食物几天后，皮肤会转成正常，不会对身体造成其他的危害。

在存放胡萝卜时要注意先洗净，去掉顶端绿色部分，放置冰箱冷藏室保鲜，尽量远离苹果等会释放乙烯的蔬果附近。

美食推荐

胡萝卜炒猪肝

手机扫一扫 视频同步做

胡萝卜嫩炒长豆角

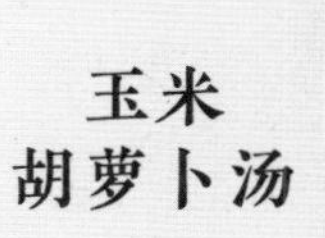

手机扫一扫 视频同步做

玉米胡萝卜汤

手机扫一扫 视频同步做

西红柿

营养成分 富含有机碱、番茄碱和维生素A原、B族维生素、维生素C及钙、镁、钾、钠、磷、铁等。

西红柿的安全选购

一看颜色	颜色越红的西红柿表示成熟度越好，吃起来的口感较好。
二巧鉴别	外形上，人工催熟的西红柿外形不圆润，多有棱边；人工催熟的西红柿少汁、无籽或呈青绿色，口感青涩，自然成熟的西红柿多汁，果肉呈红色，籽呈土黄色，口感较好。
三试手感	挑选外形圆润的西红柿，像有棱或者果实布满斑点的尽量不要选择；用手轻捏西红柿，皮薄有弹性，果实结实的说明西红柿新鲜度和成熟度都较好。
四看底部	观察西红柿底部的圆圈（果蒂），如果圆圈较小，这类的西红柿水分高，果肉紧实饱满。

西红柿的食品安全问题

西红柿是一种营养丰富的果蔬，其中的番茄红素对我们的身体有着很大的好处，但是值得注意的是，食用未熟透的西红柿可能会引发食品安全问题。

青西红柿尚未熟透，其中的番茄红素无法发挥应有的作用,还含有龙葵碱，人体在大量摄入后，会产生头晕、恶心或者腹泻等中毒症状；成熟的西红柿在购买的时候底部也会有一些青色，大家对这样的西红柿不必过多担忧。

买回去的西红柿在食用之前应流水洗净，避免有过量的药剂残留。

美食推荐

西红柿酸奶沙拉

手机扫一扫
视频同步做

牛肉西红柿汤

手机扫一扫
视频同步做

茄子

营养成分 主要含B族维生素、维生素C、芦丁以及矿物质等。茄子中的芦丁能增强人体细胞间的黏着力，增强毛细血管的弹性，减低毛细血管的脆性及渗透性，防止微血管破裂出血。

茄子的安全选购

一看颜色	新鲜的茄子外皮应呈紫红色或者黑紫色为主，色泽度较好；如果茄子较暗淡，出现褐色斑点，说明茄子较老或即将坏掉。
二看花萼	在花萼与果实相连接处，有一条白色略带淡绿色的条状环，这个带状越大越明显，说明茄子较嫩，口感越好，反之茄子的品质和口感就会差一些。
三看外观	品质较好的茄子粗细均匀，没有斑点、裂口及外伤；如果遇到茄子皮褶皱，或者弹性较差说明茄子已经放置长时间，尽量不要购买。
四触手感	新鲜的茄子软硬适中，较有弹性；新鲜度差或者放置时间过久的茄子皮质松软，没有弹性。

茄子的食品安全问题

茄子作为人们经常食用的蔬菜之一，深受大众的喜爱，但是关于茄子食品安全的问题一直困扰着大众。

茄子切开后为什么会变黑呢？通常情况下茄子切开后是白色或淡黄色，但是暴露在空气中一会儿就会变黑，有人认为这是“毒素”在起作用，其实是因为茄子中含有一类“酚氧化酶”的物质，遇氧后会发生化学变化，产生一些有色物质。

大家常说的毒素其实是一种名为“茄碱”的物质，虽然茄子中含有这样一种物质，但是正常情况下摄入茄子的量远远不够中毒所需要的量，所以大家大可放心。

美食推荐

青椒炒茄子

手机扫一扫
视频同步做

鱼香茄子

手机扫一扫
视频同步做

油醋风味凉拌茄子

手机扫一扫
视频同步做

莴笋

营养成分 主要含有水分、胡萝卜素、烟酸及锌、铁等。莴笋中所含的氟元素，可参与牙釉质和牙本质的形成，参与骨骼的生长。

莴笋的安全选购

一看外形	品质上乘的莴笋略粗短，茎直不弯曲，不带黄叶、烂叶，较为整洁，叶片适中数量不多，这样的莴笋品质新鲜。
二看内容	现在的商家在售卖莴苣时大多已经削好皮，我们在选购时不好从外表老嫩来判断新鲜程度，可以选择质脆，水分充足，不蔫萎，整洁干净的。
三闻味道	新鲜的莴笋茎部肥大、脆嫩，味道清香，无杂味。
四看老嫩	新鲜的莴笋颜色呈淡绿色；老的莴笋皮厚，肉呈现白色，会有空心的现象出现。

莴笋的食品安全问题

莴笋不宜储存，建议在购买时适量购买，仅够当日食用就好。如果需要储存，去皮洗净后放入冰箱冷藏保存即可，并尽快食用完毕。如果莴苣有虫眼或者有斑点状腐烂，尽量不再食用。

美食推荐

腰果莴笋炒山药

手机扫一扫
视频同步做

珍珠莴笋炒白玉菇

手机扫一扫
视频同步做

莴笋筒骨汤

手机扫一扫
视频同步做

莲藕

营养成分 主要含膳食纤维、糖类、维生素、植物蛋白及铁、钙等。莲藕散发出独特清香，还含有鞣质，有一定健脾止泻作用，能增进食欲促进消化。

莲藕的安全选购

一看颜色	新鲜莲藕外皮呈微黄色；表面呈黑褐色说明新鲜度不好。
二闻味道	新鲜莲藕本身有一股淡淡泥土的味道；如果闻到有臭味或者酸味，说明莲藕品质较差或经过处理，建议不要购买。
三看颜值	购买莲藕时要注意有无明显外伤，如果表面覆盖泥土，洗净后看是否完好，看孔内是否有泥土。
四看通气孔	可切开一小段，看莲藕中间的通气孔大小，选择气孔较大的，这样的莲藕水分较多，品质和口感都比较好。
五看藕节	在选择莲藕时，尽量选择较粗而节短的，藕节间距较大一些，这样的莲藕成熟度较高，口感更好一些。

莲藕的食品安全问题

莲藕营养丰富，是很多家庭常备的蔬菜之一，现在生活条件好了，在追求营养价值的同时也会追求蔬菜的“颜值”，在购买莲藕时是否要过于追求颜值呢？市面上白白胖胖的莲藕是不是你应该购买的对象呢？

普通新鲜的莲藕表面呈淡黄色，断口处有一股特别的清香；而“漂白藕”则会表面洁白、干净，售价也要高，但是这种经过工业试剂（大多使用柠檬酸）泡过的藕呢，在清洗的过程中会变色，有一股难闻的气味，而且容易腐烂。在食用时口感较差，而且对人们的消化道会产生刺激作用。

美食推荐

核桃嫩炒莲藕

手机扫一扫
视频同步做

糖醋菠萝藕丁

手机扫一扫
视频同步做

西芹藕丁炒姬松茸

手机扫一扫
视频同步做

芋头

营养成分 主要含胡萝卜素、烟酸、维生素C及氟、钙、磷、铁、钾、镁、钠等。此外，芋头中所含的氟的含量较高，具有洁齿防龋、保护牙齿的作用。

芋头的安全选购

一看外表	剥开芋头的皮毛仔细看有没有霉烂、干硬、斑点等现象，体型还要匀称，没有破损，这是优质芋头的必要条件。如果芋头的根部附近有很多带土的凹陷下去的小坑，就证明吃起来够粉。
二看新鲜度	新鲜的芋头，常常带着泥土的气息而且捏起来比较硬，发软就表明不太新鲜了。
三用手掂	大小一样的两个芋头，用手掂一掂，分量越轻，表明淀粉含量高，吃起来口感好。

芋头的食品安全问题

芋头脱皮后放置于空气中容易被氧化，正常情况下很快会变黄甚至发红。市场上有些商家为了让芋头“卖相”好，可能会添加焦亚硫酸钠类的漂白剂。这种漂白剂可以生成二氧化硫，对蔬菜能起到护色、防腐等功效，但肯定是不合规的。焦亚硫酸钠类产生的二氧化硫具有一定刺激性，会对胃肠道黏膜、咽喉造成一定危害，如果量少的话对人体危害不大。但如果商家使用不纯的焦亚硫酸钠，其中会有部分重金属杂质残留在芋头上，对人体不利。但是也大可不必过度担心漂白过的芋头。因为二氧化硫具有挥发性，买回家放置几个小时就会基本挥发，对人体造成的伤害不大。购买脱皮芋头后，可以多清洗几遍，再削一次皮就基本没问题了。

美食推荐

手机扫一扫
视频同步做

芋头糙米粥

山药

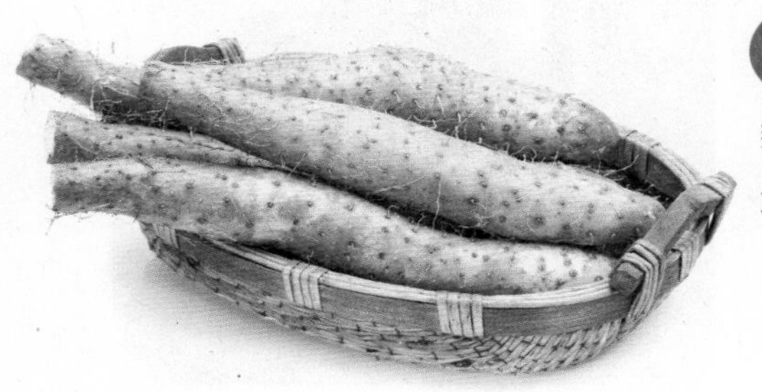

营养成分 主要含多种氨基酸、糖蛋白、黏液质、胡萝卜素、维生素 B_1、维生素 B_2、淀粉酶及矿物质等。

山药的安全选购

一挑重量	相同大小的山药选择质量重一些的。
二看须毛	同一品种的山药须毛越多越好，这样的山药口感较好。
三看切面	新鲜山药横切面呈白色，一旦出现黄色或者红色，此类山药新鲜度已经降低，尽量不要购买。
四看外观	山药表皮出现褐色斑点、外伤或破损，不建议购买，此类山药品质较差。

山药的食品安全问题

选购蔬菜水果时大家更愿意去选择那些新鲜的，但是往往由于季节、生产和运输等多方面的原因，商家不得不存储一些非当季蔬果，但是储存的方式和方法各有不同，有的甚至使用一些危害食品安全的方法。

市面上曾经一度有使用甲醛进行喷雾，从而对山药进行保鲜。甲醛是一种无色，有刺激性味道的气体，可以对人体的呼吸道和消化道均造成伤害，例如:头晕、头痛、眼睛酸涩等症状。在挑选时应注意，闻一下是否有刺鼻异味，放置时间过久一般里面会开始变色腐烂，此类山药不要购买。山药在食用之前去皮，最后将两端去掉冲洗一下。

美食推荐

手机扫一扫
视频同步做

山药萝卜沙拉

芦笋

营养成分 芦笋所含糖类、多种维生素和微量元素的质量均优于普通蔬菜，而热量含量较低，常吃芦笋有排毒瘦身的功效。芦笋中还含有丰富的叶酸，孕妇经常食用芦笋可有助于胎儿大脑发育。

芦笋的安全选购

一看粗细	新鲜成熟的芦笋底部直径大约在 1 厘米左右。
二看长短	过长的芦笋生长周期比较长，成熟度老；过短的芦笋生长周期比较短，过嫩；长度在 12 厘米左右的芦笋鲜嫩程度比较好一些，口感相对较好。
三看弹性	用手轻掐芦笋的根部，如果容易将表皮掐破且有水分，说明芦笋的新鲜程度较好。
四看花头	应该选择芦笋上方的花苞没有张开的，若花苞已经张开说明生长周期相对较长，鲜嫩程度相对差一些。

芦笋的食品安全问题

芦笋因可口的味道和较高的营养价值深受人们的喜爱，但是人们在选购芦笋后往往会担心农药残留的问题。如何才能让我们吃得更放心呢？

在烹调之前应流水充分洗净，将残留在表面的农药冲洗干净，若菜品为凉拌，应先将其放置在沸水中焯熟后再进行食用。

美食推荐

芦笋炒鸡肉

手机扫一扫
视频同步做

芦笋彩椒鸡柳

手机扫一扫
视频同步做

芦笋洋葱酱汤

手机扫一扫
视频同步做

荸荠

营养成分 主要含维生素C、胡萝卜素及钙、磷、铁等。

荸荠的安全选购

一看颜色	荸荠的本色应该呈红黑色，比较老气，而浸泡过的荸荠色泽鲜嫩。如果你看到马蹄呈不正常的鲜红，分布又很均匀，就值得怀疑，建议不要购买。如果削开荸荠里面是黄的，说明已经不新鲜了。
二看形状	荸荠俗称马蹄，又称地栗，因它形如马蹄又像栗子。挑选的时候选个头比较大一点的，能延长存放时间。
三闻气味	正常的荸荠无任何刺激性气味；如带有异味，则不要选购。
四触质感	在购买时挤压荸荠的角，浸泡过的荸荠会在手上粘上黄色的汁液，不建议购买；捏一下表皮，质地硬一点、表面没有破损的比较好。

荸荠的食品安全问题

荸荠肉质洁白，味甜多汁，清脆可口，深受人们的喜欢。可是这类水生植物不能生吃。生吃荸荠可能感染姜片虫，吸附在小肠黏膜上造成局部炎症、出血及溃疡。轻者患有腹泻、腹痛、消化不良，重者腹泻加重伴有恶心、呕吐。所以荸荠应高温煮熟后食用。

美食推荐

青椒木耳炒荸荠

手机扫一扫
视频同步做

荸荠红豆沙

手机扫一扫
视频同步做

荸荠柚子柠檬汁

手机扫一扫
视频同步做

茭白

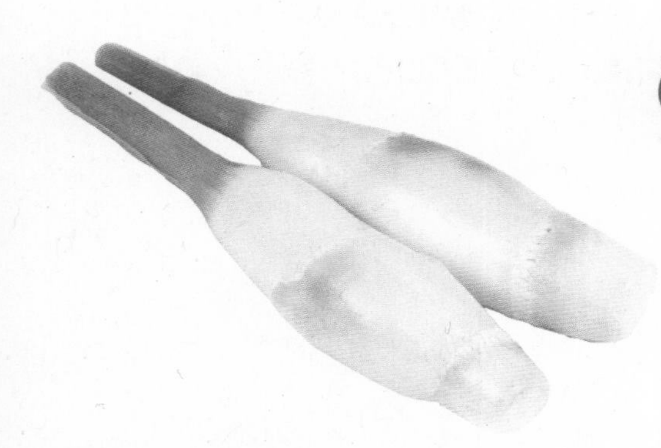

营养成分 主要含维生素B_1、维生素B_2、维生素E、胡萝卜素和矿物质等。

茭白的安全选购

一看颜色	茭白的外皮一定要是白的，如果发现有的茭白有部分是偏红黄的，说明茭白偏老了，口感不佳，不建议购买。
二看形状	茭白的外形比较嫩滑光亮，而且饱满，笋身比较直，皮摸起来很顺溜，说明比较新鲜，值得购买。茭白顶端的笋壳颜色过绿，说明茭白过度成熟，口感不好。
三闻味道	通常情况下，如果遇到刚采摘回来不久的茭白，新鲜度比较高，会散发一股清香；若是有异味，可能经过药水浸泡，建议不要购买。

茭白的食品安全问题

与百合一样，市面上曾出现“毒茭白”。不法商家将剥好的茭白泡在含有二氧化硫的水里，使发黄的茭白重新变得白嫩鲜亮，市场上那些卖相好、看着水灵的茭白，需要谨慎购买，尽量选择没有剥开的茭白更能放心一些。

买回来的茭白切开后，有时会发现里面长着黑点，于是很多人就认为是坏了，丢掉不吃，其实这是一种寄生在茭白里面的真菌长出来的孢子，这种名为“菰黑穗菌”的真菌是很正常的。如果没有这种真菌茭白就不会长得这么胖。等茭白老了以后真菌也就会老，开始长孢子，就是这些黑点。而这些黑点对人体健康是没有影响的。

美食推荐

双椒炒茭白

手机扫一扫
视频同步做

茭白焖猪蹄

手机扫一扫
视频同步做

百合

营养成分 主要含有硒、铜及生物素、秋水碱等。

百合的安全选购

一看颜色	纯正的百合干应呈乳黄色，在冷水中浸泡 3~4 小时左右即可恢复成百合的样子。
二看肉质	百合干肉质呈乳黄透亮，粗纤维少。
三闻气味	随机抓起一把百合干，闻一闻，纯正的百合干闻起来有一股清香的甜味。如有一股怪怪的酸味，说明百合干经过处理，建议不要购买。
四看湿度	随意拿起一片百合干，用手掰成两半，可以明显感觉到很脆的是优质百合；劣质的百合干会感觉发柔有水分，不干燥。

百合的食品安全问题

百合是一种有较高营养价值的食材，同时还有很好的药用价值 。生活条件的改善使人们越来越注重养生，百合也频繁地出现在日常的饭桌上。选购百合干时，颜色是鲜亮好还是发黄的好呢？

百合在干燥的过程中会发生颜色变化，选购百合不要贪“色”，百合干并非越白越好，无硫的百合干一般呈乳黄色，闻起来清甜。处理过的百合干闻起来是一股刺鼻的酸味，这是因为经过了二氧化硫的熏制。二氧化硫能起到护色、防腐、漂白等作用，长期食用二氧化硫残留量超标的食品会导致呕吐、腹泻等慢性食物中毒。

美食推荐

枸杞百合蒸木耳

手机扫一扫
视频同步做

百合炒芦笋

手机扫一扫
视频同步做

辣椒

营养成分 主要含辣椒碱、二氢辣椒碱，另外还含挥发油、丰富的维生素 C、胡萝卜素、辣椒红素及钙、磷等。

辣椒的安全选购

一看外观	要选择外形完整的辣椒，其表皮薄的较嫩。
二看颜色	色泽鲜亮、光泽度好的辣椒较好。
三看大小	普通辣椒要挑选大小均匀，没有虫害的为宜；选购甜辣椒时应选择个大端正、表皮光滑的为宜。

辣椒的食品安全问题

辣椒作为日常菜品中调味的蔬菜，在菜品中都可以见到，但是由于辣椒在运输和存放的过程中易腐烂，所以有一些商贩就使用硫黄熏制为辣椒保鲜，致使辣椒检测时发现残留物超标，长期食用该类辣椒会对人们的健康造成威胁。

除在选购时注意闻味道之外，在清洗的过程中也要格外注意，用流水反复冲洗，在烹调时注意高温烹调，降低对人体可能产生的食品安全问题。

美食推荐

擂辣椒

手机扫一扫
视频同步做

辣椒炒螺片

手机扫一扫
视频同步做

香芹辣椒炒扇贝

手机扫一扫
视频同步做

银耳

营养成分 主要含蛋白质、糖类、粗纤维、维生素 B_1、维生素 B_2、烟酸及钙、磷、铁等。银耳富有天然植物性胶质，长期服用可以润肤，并能有效祛除脸部黄褐斑、雀斑。

银耳的安全选购

一看颜色	银耳因为色泽而得名银耳，但是选购的时候并不是越白的银耳越好，应选择白色银耳中略微带黄色的。
二闻味道	干银耳如果是被化学物质熏蒸过，则会存在异味。
三触质感	优质的银耳质感较为柔韧，不易断裂。
四看大小	优质的银耳间隙均匀，质感较为蓬松，肉质较为肥厚，没有杂质、霉斑和严重破损。

银耳的食品安全问题

银耳作为传统的滋补品受到了百姓们的喜爱，但是有些不法商贩为了谋求利益，使用非法手段加工银耳，给消费者的身体健康带来隐患。不法商贩为了使银耳更美观，更吸引消费者的目光，使用“硫黄熏蒸”的办法，硫黄燃烧产生的二氧化硫具有漂白作用，使银耳看起来更为“美观”，迎合部分消费者的心理。但是使用硫黄熏蒸会使残留超标，长期摄入二氧化硫会刺激胃肠道，引起恶心、呕吐等现象，在购买银耳时一定注意方法，食用之前用温水充分泡发、洗净，摘除其杂质，银耳储存时应保存在通风、避光处，尽量避免长时间存放。

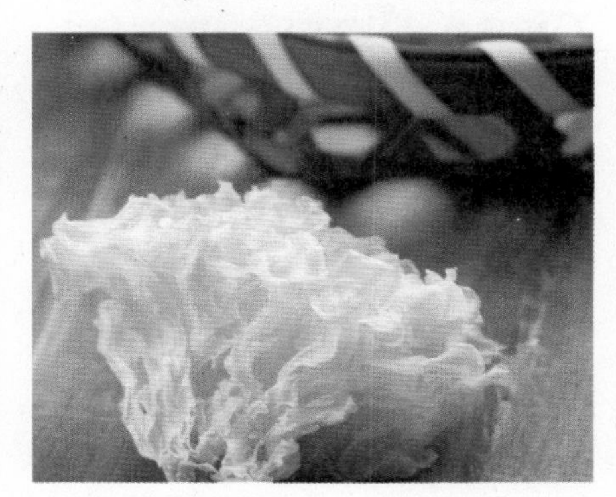

美食推荐

凉拌银耳

手机扫一扫
视频同步做

罗汉果焖银耳

手机扫一扫
视频同步做

黑木耳

营养成分 主要含蛋白质、脂肪、胡萝卜素、维生素 B_1 及钙、磷、铁等。

黑木耳的安全选购

一看形状	由于黑木耳的生长较为缓慢，长得较为厚实，所以在选择时应注意观察黑木耳朵型是否均匀，朵型均匀且卷曲现象较少的，说明是较为优质的木耳；如果肉质较少，朵型卷曲程度较高，尽量不要购买。
二看色泽	优质的黑木耳正反两面的色泽度是不同的，一般内部都呈现出黑色，背部则呈现出灰色且有明显的脉络，这一类的黑木耳可以选购；如果两面都呈现出黑色，可能是喷洒了某些化学制剂，建议不要购买。
三触手感	同样大小的木耳掂重量，重量较轻的质量较优，在捏的时候有清脆的声音，表面光滑，易碎。如果发现木耳有韧性，建议避免选择该类木耳，由于其水分较多，存放不当容易发霉，食用后不利于身体健康。
四闻味道	挑选木耳时，抓起一些闻一下是否有异味，优质的木耳没有异味，掰下一块尝一尝，优质的木耳同样没有异味。

黑木耳的食品安全问题

鲜木耳不可食用。这是因为鲜木耳中含有一种叫“卟啉”的物质，食用鲜木耳后经阳光照射会发生植物日光性皮炎，引起皮肤瘙痒、红肿、痒痛，所以木耳都需要阳光暴晒，分解掉卟啉，制成干品再出售食用。

干制木耳食用前需要泡发洗净，尽量用温水泡发，缩短泡发时间，泡好后，流水清洗两到三遍，最大限度除去杂质和有毒物质。

适量泡发，如果黑木耳泡多了，冰箱冷藏 24 小时，超过 24 小时后，不管是否变质都要扔掉。

美食推荐

白菜木耳炒肉丝

手机扫一扫
视频同步做

蒜泥黑木耳

手机扫一扫
视频同步做

木耳山药

手机扫一扫
视频同步做

口 蘑

营养成分 蛋白质含量高，并含有人体必须的 6 种氨基酸及丰富的维生素 B_1、维生素 B_2、芦丁、维生素 D、核苷酸和抗坏血酸等。

口蘑的安全选购

一看颜色	观察色泽，口蘑本身白色略微带点灰色，过于白色的口蘑就要考虑是否使用了漂白剂等物质。
二闻气味	新鲜的口蘑闻起来有一股清新的味道，如果闻到酸臭味说明口蘑有腐烂的迹象，新鲜程度较低，这一类的口蘑尽量不要去购买。
三观菇盖	要选择菇盖圆润，表面光滑，边缘肥厚，形状较为完整，表面没有腐烂和虫害痕迹的。
四观菇柄	菇盖将菇柄紧紧包裹的口蘑品质更为好一些，若菇柄和菇盖已经分离，菌丝近乎完全暴露，这一类的口蘑生长时间相对较长一些。在选购时尽量选择菇柄粗短一些的，避免选购菇柄细长的。

口蘑的食品安全问题

口蘑从山里采摘回来时根部会带有土，且很容易发褐变色。但是为了让它看起来没有受伤，有更美的外观，不良从业者会使用亚硫酸钠、荧光剂等化学制剂来漂白口蘑。处理过后的口蘑呈均匀的纯白色，色泽亮丽，对人眼睛和皮肤有刺激作用。

美食推荐

手机扫一扫
视频同步做

蒜苗炒口蘑

金针菇

营养成分 主要含有氨基酸、朴菇素及锌、钾等。

金针菇的安全选购

一看颜色	优质的金针菇颜色呈淡黄至黄褐色，菌盖中央比边缘深一些，菌柄上浅下深；还有一种色泽白嫩的，应该是纯白或乳白。
二闻味道	不管是白色还是黄色，优质金针菇的颜色应该较为均匀、鲜亮，带有一股清香味。如果闻起来有异味的，可能是经过熏、漂、染或用添加剂处理过，在选择时应避开这一类。

金针菇的食品安全问题

大家可能对用硫黄熏银耳、熏笋干已早有耳闻，但是使用工业制剂柠檬酸泡金针菇，恐怕很少人听说过。鲜金针菇耐贮性较差，为了便于储存，延长其新鲜程度，在运输或保鲜的过程中会往里加入柠檬酸，这样的金针菇保质期可以延长。但是随之而来的是对我们身体健康的威胁，长期过量食用含有柠檬酸的食品，会导致体内钙质流失，导致低钙血症。而使用工业柠檬酸浸泡，化学残留会损害神经系统，诱发过敏性疾病，甚至致癌。

美食推荐

金针菇拌豆干

手机扫一扫
视频同步做

白萝卜拌金针菇

手机扫一扫
视频同步做

鱼香金针菇

手机扫一扫
视频同步做

竹笋

营养成分 主要含有丰富的钙及胡萝卜素、维生素B_1、维生素B_2和维生素C等。

竹笋的安全选购

一看形状	选择个头比较矮且粗壮的，笋型呈牛角形有弯度则肉多。
二看笋壳	壳要完整并且紧贴笋肉，颜色以棕黄色为佳，绿色为次。笋壳要带点硬度，太软则表示出土时间太长不够新鲜
三看根部	根部边上的颜色，白色为上品，黄色次之，绿色为劣。根部的“痣”，颜色鲜红笋肉鲜嫩，暗红或深紫的笋较老。
四看截面	用指甲轻抠笋的截面，可以轻易抠出小坑的笋肉质比较鲜嫩。

美食推荐

手机扫一扫
视频同步做

鳝鱼竹笋汤

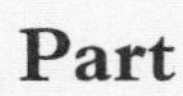

Part

4

水果
及干果类

香蕉

营养成分 主要含有糖类、果胶、膳食纤维及钙、钾等。香蕉内富含钾，可将过多的钠离子排出，帮助控制血压。

香蕉的安全选购

一看蕉皮颜色	要选择颜色纯黄色的，时间越长，香蕉颜色越暗，而且会有黑色斑点，口感就不好。
二看蕉把颜色	蕉把颜色略微带点青色，这样的香蕉才是比较新鲜的。蕉把越黑说明采摘的时间越久，不宜选购。
三看香蕉的长短	香蕉宜选择长短适中、重量中等的。大小适中的香蕉口感才会比较甜。

美食推荐

手机扫一扫
视频同步做

香蕉三明治

樱桃

营养成分 含维生素A原、芦丁，还有钾、钙、磷、铁等矿物质以及多种生物素。樱桃的含铁量居各种水果之首，低热量、高纤维，是一种营养价值很高的水果。

樱桃的安全选购

一看颜色	樱桃外观颜色是深红色或者暗红色的，口感会比较甜。
二看表皮	樱桃表皮硬一点，并且光洁，没有虫眼为佳。
三看果蒂	果蒂颜色为绿色的，则代表果实是新鲜的；如果发黑，则代表果实不新鲜了，不宜选购。
四看果肉	肉质厚实紧致为佳，有皱褶则水分少，口感不好。

美食推荐

手机扫一扫
视频同步做

樱桃果酱奶酪吐司

梨

营养成分 主要含有糖类、粗纤维、胡萝卜素、维生素 C、膳食纤维及铁等。

梨的安全选购

一看底部深浅	底部较深的梨汁水多，口感好，宜选购。底部较浅的梨，水少干涩，口感差，不宜购买。
二看形状	梨形规则圆溜，梨肉质地细嫩，汁水丰盈，味道也比较甜。若形状不规则，则果肉分布不均，吃起来口感很差，汁水较少，还有苦涩味。
三看皮的厚薄度	尽量选择皮薄的梨，这样的梨口感比较好，水分比较足。梨皮太厚，果肉粗糙，汁水少，口感较差。

美食推荐

手机扫一扫
视频同步做

雪梨猪肺汤

橙子

营养成分 含有丰富的果胶、糖类、维生素 B_1、维生素 B_2、维生素 C 及钙、磷、铁等，尤其维生素 C 的含量较高。

橙子的安全选购

一看果脐	果脐越小口感越好。
二掂分量	同等大小的橙子，分量沉的比较好，水分也充足。
三看橙皮	橙皮密度高，厚度均匀且稍微硬一点，这样的橙子口感佳。

美食推荐

手机扫一扫
视频同步做

橙子胡萝卜姜汁

桃 子

营养成分 富含糖类、维生素及钙、磷等。

桃子的安全选购

一看外观	以果实体型大，形状端正，外表无虫蛀斑点、色泽鲜艳者比较好，桃子顶端和向阳面微微红色，手感不过硬或过软者为优选。
二看果肉	果肉白净，粗纤维比较少，肉质柔软并与果核黏连，皮薄易剥离的桃子为佳。如果果肉色泽暗淡，粗纤维多，果肉硬朗不易剥离，则不宜选购。

桃子的食品安全问题

桃子的外皮层有一种绒毛，有一些不法商贩会用洗衣粉清洗桃子外表，将绒毛洗去，这样的话桃子看上去光亮漂亮更吸引人。但是这样的桃子对人体健康有很大危害，食用后会出现呕吐、腹泻等症状。我们在选购的时候，可以摸一摸有没有绒毛，闻一闻有没有洗衣粉残留的味道，挑绒毛多且颜色不过于鲜亮的桃子，才比较安全。

美食推荐

手机扫一扫
视频同步做

桃子胡萝卜汁

草莓

营养成分 草莓果肉中含有大量的糖类、有机酸、维生素、矿物质、果胶等。

草莓的安全选购

一看外形	草莓体积大而且形状奇异，有可能是用激素催生出来的产品，不宜选购。普通的草莓形状比较小，呈比较规则的圆锥形。
二看颜色	颜色均匀，色泽红亮者为佳。
三看表面的籽粒	正常的草莓表面的籽粒应该是金黄色。如果表面有白色物质不能清洗干净的草莓也不要挑选购买，很多草莓往往在病斑部分有灰色或白色霉菌丝，发现这种病果切不要食用。
四看内部	正常草莓的内部是鲜红的果肉，没有白色中空的现象。激素催生的草莓有些是中空的，而且有的还非常白。

接上表

五闻气味	好的草莓具特有的清香。而激素草莓的味道就比较奇怪或者味道特别重。
六尝味道	好的草莓甜度高且甜味分布均匀。激素草莓吃起来寡淡无味、闻着不香。

草莓的食品安全问题

草莓会涉及到使用激素膨大果实的食品安全问题，大家在进行选购时，一定要选择大小适中、色泽明亮、籽粒饱满并且没有白心的，这样的草莓才比较好吃。

桑葚

营养成分 主要含糖类、矿物质、维生素、膳食纤维及少量脂肪酸。

桑葚的安全选购

一看大小	选择桑葚细颗粒较大、大小一致的，这样的桑葚水分比较充足、口感较甜。如果桑葚细颗粒较小，味道可能不是很好。
二看颜色	桑葚全身为紫黑色，且颜色分布均匀的品质较好。颜色不均匀，紫黑色中带着浅红色的，口感一般是酸甜的，如果是比较喜好偏酸口味的也可以选购这样的桑葚。
三看外观	选择颗粒饱满、个头较大、坚挺而没有出水的桑葚较好，不熟或过熟的桑葚都不宜选购。

桑葚的食品安全问题

要注意染色桑葚的问题。有不法商贩会进行染色或者催熟，这样的桑葚吃起来没有桑葚味，嚼起来软绵绵的不是正常成熟的果实。还有桑葚梗部正常应该是绿色的，如果是用色素染的，梗部就是紫色的。

美食推荐

草莓桑葚果汁

手机扫一扫
视频同步做

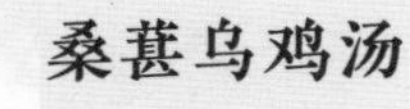

手机扫一扫
视频同步做

桑葚芝麻糕

手机扫一扫
视频同步做

蓝莓

营养成分 除了常规的糖类、维生素C外，还富含维生素E、维生素A原、B族维生素、熊果苷、花青苷、膳食纤维及矿物质。

蓝莓的安全选购

一看表面的白霜	新鲜蓝莓表面的白霜很明显，不新鲜的蓝莓外层几乎没有白霜，而且蓝莓越新鲜白霜越厚实。
二看颜色	深紫色的蓝莓比较好，说明已经成熟，口感会更甜一些。
三看大小	一般来说野生的蓝莓偏小一点，栽培蓝莓偏大一点。市场上的蓝莓几乎都是栽培的。
四看表皮	蓝莓放置久了会皮皱凹陷，像是腐烂的小坑。新鲜蓝莓表皮光滑鲜亮有光泽。

美食推荐

手机扫一扫
视频同步做

蓝莓山药泥

苹果

营养成分 富含糖类、纤维素、维生素C及磷、铁、钾等。

苹果的安全选购

一看外观	挑选形状比较圆的，不要选择奇形怪状的，这样的苹果不好吃。
二看颜色	苹果颜色是红中带黄的，这样才是成熟的，不是生苹果。
三摸外皮	苹果的表皮有点粗糙，非常光滑鲜亮的表皮有可能是打蜡的；还要注意不要选表皮有磕碰、有斑点的苹果，这样的苹果腐烂得快，不能存放太久。

西瓜

营养成分 主要含糖类、维生素C及钙、铁等。

西瓜的安全选购

一看底部	西瓜底部的圆圈越小越甜。
二看蒂部	西瓜蒂部新鲜弯曲的是新鲜的，干瘪的表示采摘时间很久，瓜不新鲜。
三看纹路	纹路比较清晰，光鲜滑亮，是品质比较好的瓜。如果瓜的一边出现较大范围黄色果皮，那这个瓜就不甜。
四听敲瓜的声音	如果敲起来是嘭嘭响声，则表示瓜比较好。如果是清脆的响声，则是生瓜，不宜选购。

西瓜的食品安全问题

市面上售卖的已经切开的西瓜建议不要购买。切开的西瓜可能会因为刀具不干净、操作环境不卫生而受到污染，加之水分流失，接触空气后会发生酸败、霉变等。细菌会在西瓜内部不断繁殖，并产生有毒物质，食用后很容易引发胃肠炎症。

美食推荐

手机扫一扫
视频同步做

西瓜牛奶布丁

火龙果

营养成分 含胡萝卜素、B族维生素及钙、磷、铁等。

火龙果的安全选购

一掂重量	挑选火龙果的时候可以掂一掂重量，感觉手沉的则表示汁水多，果肉丰满，口感也佳。
二看形状	要选择圆一点胖一点的，这样的火龙果水分多，甜度大。细小瘦长的不甜且水分少。
三看成熟度	可以用手轻轻地捏一捏，如果很软则说明熟透了。如果按不动，则代表比较生。软硬适中的火龙果是较好的选择。

美食推荐

手机扫一扫
视频同步做

火龙果牛奶

花 生

营养成分 主要含有蛋白质、脂肪、糖类、维生素A、不饱和脂肪酸、卵磷脂及钙、磷、铁等。

花生的安全选购

一看外表	新花生的水分足，用手掂一下稍沉。陈花生由于水分的流失，壳表面是干燥的，用手掂一下较轻。
二捏质感	新花生想要捏破会觉得不太好捏，壳较嫩。陈花生捏破较轻松，而且捏破时会有声响。
三摇听音	将花生放在耳边摇一摇，新花生几乎听不见里面花生晃动的声音。陈花生摇起来会有声响。

美食推荐

手机扫一扫
视频同步做

小鱼花生

核桃

营养成分 富含蛋白质、脂肪、膳食纤维及钾、钠、钙、铁、磷等矿物质元素。核桃所含丰富的磷脂和赖氨酸，对长期从事脑力劳动者，能有效补充脑部营养、健脑益智、增强记忆力。

核桃的安全选购

一看颜色	市场上的核桃，有的颜色很白，有的颜色暗黄，还有些发黑。核桃皮其实就是木头材质，越接近木头的颜色说明越接近食物本来面目，有些发白的核桃可能是用一些化学试剂浸泡过或做过加工处理，如果核桃恰巧有裂痕或破损，那么说明化学药水浸入核桃仁。
二看纹路	一般花纹相对多而且纹理相对浅一些的核桃比较好，因为这花纹在核桃生长过程中为核桃输送养料，花纹越多，核桃吸收的养料也会越多。
三尝味道	把剥皮后的白核桃仁放进嘴里咀嚼，若是又香又脆，且没有其他怪味，则为好核桃。若是味道不纯或者有怪味，则有问题，建议不要购买。

核桃的食品安全问题

市场上大部分核桃是以半野生状态栽培的，所用农药较少，因此比较安全。

目前，市场上还有一种“白皮核桃”，这种核桃品种是确实存在的，但是颜色只是比普通核桃浅一点，如果是过白的白皮核桃，就要小心这是不法商贩为了利益将普通核桃漂白加工后高价售卖的手段，这样的核桃食用后会对人体造成很大的危险。

美食推荐

核桃枸杞肉丁

手机扫一扫
视频同步做

茶树菇核桃仁小炒肉

手机扫一扫
视频同步做

莲藕核桃排骨汤

手机扫一扫
视频同步做

红 枣

营养成分 主要含糖类、丰富的维生素 A 原、维生素 C、维生素 B_1、维生素 B_2 及钙、磷、铁、镁等。

红枣的安全选购

一看颜色	正常小枣呈现深红色，而红枣是紫红色的。
二看大小	选择红枣不是个头越大越好，要看红枣的饱满程度，如果红枣很大，但是干瘪，则不宜选购。
三看果肉	果肉淡黄色、细致紧实，品尝一口甜糯，则是好枣。如果口感有点苦涩，而且感觉粗糙不细腻，不宜选购。

红枣的食品安全问题

有的红枣是被熏染的，所以在进行选购的时候，挑选大品牌、有包装的，如果是散装的，看看外观颜色是不是特别鲜亮，闻闻看有没有其他刺鼻的味道，如果有，则不宜选购。品尝后味道如果很甜并有后苦味，则不宜选购，可能被糖精钠泡过，不是真正的甜味，对人体健康有害。

美食推荐

红枣芋头汤

手机扫一扫
视频同步做

红枣糯米甜粥

手机扫一扫
视频同步做

桂圆

营养成分 主要含糖类、膳食纤维、胡萝卜素等。

桂圆的安全选购

一看外观	挑选带壳桂圆，要选择颗粒大，外壳颜色呈黄褐色，表面光洁并且皮薄者；桂圆壳要清洁，没有霉变和虫蛀。
二听声音	摇晃一下桂圆，如果没有响声，说明果实肉质肥厚。
三看果肉	可以的话将桂圆开壳进行品尝，桂圆颜色黄亮，质地脆而柔糯，味甜者为佳。

桂圆的食品安全问题

挑选购买桂圆时要看看桂圆的外壳，是不是特别鲜艳亮丽，还要仔细闻闻味道，是不是有刺鼻的气味，有刺鼻气味的很可能是用酸性的溶液浸泡过，这样的桂圆不宜选购。

美食推荐

桂圆红枣山药汤

手机扫一扫
视频同步做

枸杞桂圆糯米粥

手机扫一扫
视频同步做

桂圆红枣小麦粥

手机扫一扫
视频同步做

莲子

富含糖类、蛋白质、脂肪等。

莲子的安全选购

一看颜色	正常的莲子为淡黄色。如果莲子颜色泛白，而且颜色均匀，就很可能是经过化学处理的。
二闻气味	正常优质莲子闻起来有清香味，而经过漂白的莲子则有刺鼻味道。
三触莲子	正常优质的莲子抓起来很轻，而且声音清脆。掺水或未烘干的则更压手，听声音也很容易辨别。

美食推荐

手机扫一扫
视频同步做

党参莲子汤

Part 5 畜禽蛋类

腊肉

营养成分 富含蛋白质、脂肪及磷、钾、钠等矿物质。

腊肉的安全选购

一看颜色	腊肉颜色不过于红亮，注意包装完整度，没有漏气或胀袋。
二看外表	腊肉表面应干燥，坚韧有弹性，指压后无明显凹痕。
三闻气味	闻起来有哈喇味、酸味、霉味的腊肉不要买。

腊肉的食品安全问题

在购买腊肉的时候，除了酸价可能超标外，还存在亚硝酸盐超标、微生物超标、脂肪氧化和苯并芘超标的隐患。

腊肉一般都会加入亚硝酸盐，主要是为了让腊肉颜色鲜红亮丽，但有些企业过量添加，会增加致癌风险；还有些腊肉因加工储存不当，导致微生物超标，甚至霉变；腊肉在加工和储存过程中，脂肪容易发生氧化，产生哈喇味，同时产生醛类和酮类等有害化学物质，长期食用有害健康；如果是熏制的腊肉，还可能导致苯并芘超标。而且，腊肉高脂高盐，也基本不含维生素等营养素，营养价值着实不高。所以，就算好吃也不要多吃，尤其是高血压、高脂血症患者要少吃。

当然，作为过年的代表美食，腊肉也是可以适当品尝的。不过记得吃的时候一定要多放水，多煮。水煮能让腊肉中的亚硝酸盐、过多的盐和脂肪等溶于水中。煮的时间长一点更好，每次不要少于 30 分钟。

美食推荐

手机扫一扫
视频同步做

干锅青笋腊肉

猪肉

营养成分 家畜类副食品，主要含有蛋白质、脂肪、维生素 B_1、维生素 B_2、烟酸及、磷、钙、铁等。

猪肉的安全选购

一看颜色	新鲜猪肉肉质紧密，富有弹性，皮薄。膘肥嫩、色雪白，且有光泽。瘦肉部分呈淡红色，有光泽。不新鲜的肉无光泽，肉色暗红，切面呈绿、灰色。而死猪肉一般放血不彻底，外观呈暗红色，肌肉间毛细血管中有紫色瘀血。还有一种是米猪肉，它的特点是瘦肉中有呈椭圆形、乳白色、半透明水泡，大小不等，从外表看，像是肉中夹着米粒。
二闻气味	新鲜肉的气味较纯正，无腥臭味；而不好的肉闻起来有难闻的气味，严重腐败的肉有臭味，切记不宜购买、食用。
三摸手感	用手触摸肉表面。表面微干或略显湿润，不黏手者为好肉；而肉质松软，无弹性，黏手的则不是好肉。

猪肉的食品安全问题

猪的很多疾病都会传染给人类，比如钩虫病、口蹄疫等；猪病死后，有害病毒和细菌并没有死去，食用或接触死猪肉都有可能会染上这些疾病，给身体健康来威胁。

过多的农药、化学肥料、戴奥辛残留物质堆积体内，容易引发肝、肾负担，容易发展成慢性肝病或致癌。

长期食用含有荷尔蒙残留物的猪肉，会造成内分泌失调，对青少年与孕妇产生不良影响。倘若还含有瘦肉精残留物，则会引发头晕等症状，破坏神经系统。

鉴别病死猪肉

猪的很多疾病都会传染给人类，比如钩虫病、口蹄疫等；猪病死后，有害病毒和细菌并没有死去，食用或接触死猪肉都有可能会染上这些疾病，给身体健康带来威胁。

所以，我们在购买猪肉的时候，一定要充分辨别，买到放心的猪肉。可以通过以下几种方式挑选猪肉，防止购买带病菌的病死猪肉。

1. 正常的猪肉肉色为粉红色；病死不新鲜的猪肉颜色会发深甚至黑色。

2. 正常的猪肉无怪味；但是病死猪肉会有刺激性气味甚至臭味。

3. 正常猪肉摸起来有点黏手；但病死猪肉一般摸起来会有水，而且有松弛感。

4. 如果淋巴出现外翻、水肿、充血等不正常现象，证明猪肉有问题。

美食推荐

香脆葱烧肉

手机扫一扫
视频同步做

芹菜炒猪肉

手机扫一扫
视频同步做

南瓜猪肉煎饼

手机扫一扫
视频同步做

猪 血

营养成分 富含蛋白质、维生素 B_2、烟酸及铁、磷、钙等矿物质。猪血具有利肠通便作用，可以清除肠腔的沉渣浊垢，以及避免人体内产生积累中毒，是人体污物的“清道夫”。

猪血的安全选购

一看颜色	优质猪血是干净的暗红色。而劣质猪血有两种颜色，一种是浑浊发灰，掺入了很多化学物质，血很少。另一种是鲜红色，也掺入了很多的色素以及血丝等化学物质。
二看切面	优质猪血的切面很粗糙，分布着很多不规则的气孔。而劣质的，切面光滑，气孔很少，这是因为血液中含有大量的氧气，形成气孔。而劣质猪血添加化学物质之时搅拌会将空气赶出，所以气孔较少。
三闻气味	优质猪血闻起来有一股淡淡的血腥味。而劣质猪血因为血液含量少，所以不会有血腥味。

接上表

四看渗出物	用一张面巾纸轻拍猪血的切面，优质猪血会有血红细胞粘到面巾纸上面。而劣质猪血，面巾纸除了微湿润以外，不会有任何的渗出物。
五试质感	优质猪血比较脆，略施压力就碎掉了。劣质猪血质感比较柔软，弹性极好，即使用力，也不会被压碎。这是因为劣质猪血掺杂了甲醛和胶类物质，所以弹性才会很大。

猪血的食品安全问题

猪血的营养价值高，长期食用可补充体内所需的铁，同时还可以清除人体内的代谢物，是“人体清道夫”。因此有些不良商家为了降低生产成本，提高销量，便想出了人为制造猪血这一方法，用少量的猪血和淀粉、色素、甲醛、盐等炮制出“人造猪血”，其中甲醛是毒性较高的物质，是典型的致癌物质；生产上使用的盐多是工业盐，含有亚硝酸盐，容易转变为致癌物质亚硝胺；色素无论是食用色素和非食用色素，一旦使用过量都会对人体造成伤害。

鉴别真假猪血的方法有以下几点：

真正的猪血有股淡淡的腥味，如果闻不到一点腥味，就可能是假的。由于甲醛是一种有刺激性气味的气体，产品如果浸泡过浓度较高的甲醛，就会有刺鼻的味道，就像是刚装修了的房屋中的那种气味。假猪血由于掺杂了甲醛等化学物质，比较柔韧，怎么切都不会碎；而真猪血则较硬，用手碰时，容易破碎。

假猪血由于掺了色素，颜色非常鲜艳；而真猪血则颜色呈深红色。猪血切开后，如果切面光滑平整，看不到有气孔，说明有假；如果切面粗糙，有不规则小孔说明是真猪血。

没有问题的猪血拿起来比较重；有问题的比较轻。没有问题的猪血含有较粗的纤维，捏起来成条状；有问题的猪血纤维少，捏起来成颗粒状且黏手。要是捏后整个手指有红色，可能是加了色素。

美食推荐

肉末尖椒烩猪血

手机扫一扫
视频同步做

豆腐猪血炖白菜

手机扫一扫
视频同步做

猪血蘑菇汤

手机扫一扫
视频同步做

猪蹄

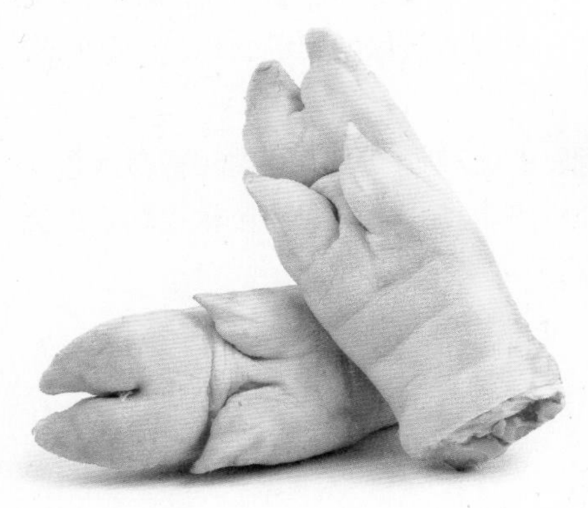

营养成分 富含蛋白质、脂肪、维生素A、维生素D、维生素E及钙、磷、镁、铁等。

猪蹄的安全选购

一看	那些白白胖胖的，又大又嫩的，表面干干净净，毛孔舒张的不能买。有些人喜欢外观好看的，不法商贩利用这一弱点，就把猪蹄用火碱美容，以求更大的利润。正常的猪蹄，外观应该没有那么白，应该很紧实。
二闻	泡过的猪蹄没有肉的腥味；正常的有肉腥味。
三摸	正常的猪蹄油腻腻的；泡过的滑滑的，洗衣粉的手感。泡过的猪蹄，用刀轻轻一划，就会破裂。

猪蹄的食品安全问题

猪蹄是人们餐桌上常见的大菜之一，经烹煮后口感鲜嫩、营养价值也高，但是市面上太精美的猪蹄可要慎重选购哦！市场上出现了一种用火碱增重与过氧化氢漂白的猪蹄叫做化学猪蹄。经过化学物质处理后的猪蹄白里透红，卖相好，销售火爆。而长期食用这种化学猪蹄会削弱血液运输氧的能力，甚至导致癌症。

美食推荐

干烧猪蹄

手机扫一扫
视频同步做

酱汁猪蹄

手机扫一扫
视频同步做

清炖猪蹄

手机扫一扫
视频同步做

猪肝

营养成分 主要含蛋白质、脂肪、维生素A、B 族维生素以及矿物质等。

猪肝的安全选购

一看颜色	优质的猪肝呈深褐色，如果颜色发红，甚至发紫，这样的猪肝就比较劣质；如果猪肝的边缘发黑，则说明它放置时间较长，不宜购买。
二感质地	用手指稍微用力去戳猪肝，猪肝柔软移动，甚至可能能捅个小口，这样的猪肝则为质量较好的。
三选卖场	购买肝脏的时候要注意去正规超市或者熟食店购买，否则猪肝质量较难保证。

猪肝的食品安全问题

不建议消费者在饭馆里点熘肝尖这类的菜。不光油比较多，而且往往没炒透，一般也就是八九分熟。而肝脏中残留的一些毒素都要高温烹调、彻底加热才可以吃。在家里自己做，烹调的时间稍微放长一点，有害物质基本上就被“消灭”干净了。烹调一定要熟，不可求嫩，烹调时切忌“快炒急渗”，更不可为求鲜嫩而“下锅即起”。要做到煮熟炒透，使猪肝完全变成灰褐色，看不到血丝才好，以确保食用安全。

美食推荐

手机扫一扫
视频同步做

青椒炒肝丝

牛 肉

营养成分 主要含蛋白质、脂肪、维生素B_1、维生素B_2、肌醇、黄嘌呤、牛磺酸及钙、磷、铁、等矿物质。

牛肉的安全选购

一看色泽	新鲜牛肉呈均匀的红色，有光泽，脂肪洁白色或呈乳黄色，而劣质牛肉色泽稍暗，切面尚有光泽，但脂肪无光泽，变质牛肉色泽呈暗红，无光泽，脂肪发暗直至呈绿色。
二闻气味	新鲜牛肉有鲜牛肉特有的正常气味，而劣质牛肉稍有氨味或酸味，变质牛肉则有腐臭味。
三摸黏度	新鲜牛肉表面微干或有风干膜，触摸时不黏手，而劣质牛肉表面干燥或黏手，新的切面湿润，变质牛肉则表面极度干燥或发黏，新切面也黏手。
四测弹性	新鲜牛肉指压后的凹陷能立即恢复，而劣质牛肉指压后的凹陷恢复比较慢，且不 能完全恢复，变质牛肉则指压后的凹陷不能恢复，且留有明显的痕迹。

牛肉的食品安全问题

目前影响牛肉质量安全问题的主要因素，大致可分为兽药残留、违禁药物、重金属等有害物质超标和人为掺假等。尤其是牛肉掺假以次充好的问题非常严重，一些不良商家受经济利益的驱使出现牛肉注水增重，利用病、死牛肉加工熟食品出售，在牛肉中添加违禁用品以增加保鲜时间和色泽等。因此，大家在购买牛肉时一定要擦亮眼睛，不能图便宜，以免买到问题牛肉。

美食推荐

牛肉娃娃菜

手机扫一扫
视频同步做

五香卤牛肉

手机扫一扫
视频同步做

家常牛肉汤

手机扫一扫
视频同步做

牛百叶

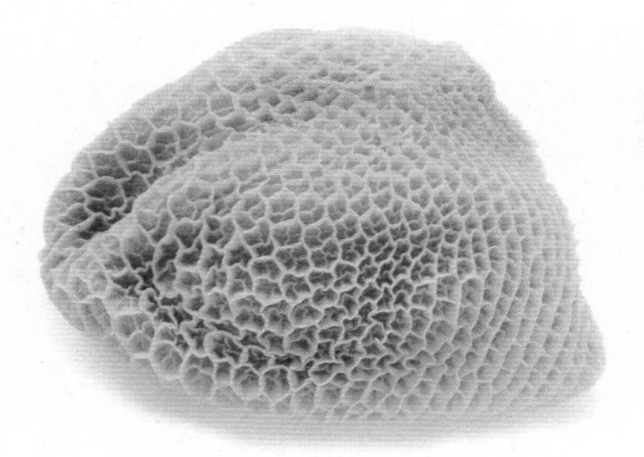

营养成分 含蛋白质、脂肪、维生素 B_1、维生素 B_2、尼克酸及钙、磷、铁等矿物质。

牛百叶的安全选购

一看颜色	牛百叶颜色挺多，常见的有黑、黄、灰；因牛喂食的饲料不同，肚子的颜色就会不同，吃饲料长大的牛，牛百叶发黑；吃粮食长大的牛，牛百叶发黄；市场上售卖的特别白的牛百叶看起来漂亮干净，实际上是漂白过的，不可购买。
二看大小	买百叶别贪大，小的更嫩；还得看看百叶上的毛刺，行话叫“草芽子”，“草芽子”要朝上直立，这才是新鲜牛百叶。
三闻气味	市场上销售的牛百叶用违规添加剂处理过的色白，吸水性强，有弹性，口感发脆，闻起来有股淡淡的怪味，其它的牛百叶熟货也很少有漂烫去黑膜的过程，挑选时可以先闻一下味道。

牛百叶的食品安全问题

有些不法商贩在加工牛肚时，先用工业碱浸泡增加牛肚的体积和重量，再按比例加入甲醛和双氧水，使牛肚保持新鲜和色泽。用工业烧碱泡制的牛肚个体饱满，非常水灵，使用甲醛可使牛肚吃起来更脆，口感好。

双氧水能腐蚀人的胃肠，导致胃溃疡。长期食用被这些物质浸泡的牛肚，将会患上胃溃疡等疾病，严重时可致癌。

用甲醛泡发的牛肚，会失去原有的特征，手一捏牛肚很容易碎，加热后迅速萎缩，应避免食用。

美食推荐

木耳炒百叶

手机扫一扫
视频同步做

红烧牛百叶

手机扫一扫
视频同步做

西芹湖南椒炒牛百叶

手机扫一扫
视频同步做

羊肉

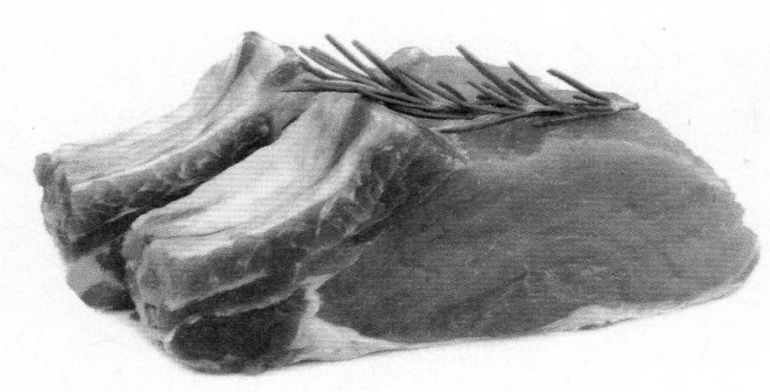

营养成分 羊肉中含有的烟酸、B 族维生素、蛋白质、脂肪及铁等矿物质，能提高人体免疫力，增加对抗病毒的能力，经常食用，可以强身健体。

鲜羊肉的安全选购

一看颜色	新鲜羊肉呈红色，有光泽，脂肪呈洁白或淡黄色，而不新鲜的羊肉颜色较暗淡。
二触质感	轻轻用手指按压羊肉后能立即恢复原状，而不新鲜的羊肉不能完全恢复到原状。

冻羊肉的安全选购

一看色泽	质优的冻羊肉解冻后肌肉颜色鲜艳，有光泽，脂肪呈白色；质次者解冻后肉色稍暗，肉与脂肪缺乏光泽，但切面尚有光泽，脂肪稍微发黄；变质的冻羊肉解冻后肉色发暗，肉与脂肪均无光泽，切面也无光泽，脂肪微黄或呈淡暗黄色。

接上表

二感黏度	质优的冻羊肉解冻后表面微干，或有风干膜，或湿润，但不黏手；质次者解冻后表面干燥或轻度黏手，新的切面湿润黏手；变质的冻羊肉解冻后表面极度干燥或发黏，新切面也湿润黏手。
三通过肉汤鉴别	质优的冻羊肉解冻后肉汤透明澄清，脂肪团聚浮于表面，具备鲜羊肉汤固有的香味或鲜味；质次者解冻后肉汤稍有混浊，脂肪呈小滴浮于表面，香味差或无香味；变质的冻羊肉解冻后肉汤混浊，有暗灰色絮状物悬浮，浮于表面的脂肪较少。

美食推荐

山药羊肉汤

手机扫一扫
视频同步做

清炖羊肉汤

手机扫一扫
视频同步做

花生炖羊肉

手机扫一扫
视频同步做

鸡 肉

营养成分 主要含蛋白质、脂肪、维生素B_1、烟酸及钙、磷、铁、钾、钠、氯、硫等矿物质。

鸡肉的安全选购

一看颜色	新鲜的鸡肉表皮颜色为黄白色；而不新鲜的鸡肉，表皮没有光泽，肉的颜色会变暗。
二闻味道	新鲜的鸡肉闻起来会有新鲜的肉味；而不新鲜的鸡肉，闻起来会有腥臭味。
三看外表	新鲜的鸡肉外表光滑，不会有黏液。挑选鸡翅时要看毛细孔，毛细孔愈大，表示饲养的时间愈长，肉质较粗；鸡胸肉则要挑选表皮完整、没有受伤的为佳。

鸡肉的食品安全问题

现在市场上某些不良商贩为了给整只鸡增重，会用注射剂给鸡肉注水，这样做不仅回影响鸡肉的品质，还会产生细菌等污染物质。将水注入鸡肉里，会引起鸡的体细胞膨胀性破裂，导致蛋白质流失，从而降低鸡肉的营养，注水过程种没有消毒等手段，容易产生细菌等污染物质，且注水后的鸡肉自身也容易感染各种病原微生物，食用这样的鸡肉回给人体健康带来严重危害。如果注水鸡肉注入的是污水，还可能会导致食物中毒。

美食推荐

宫保鸡丁

手机扫一扫
视频同步做

花椒鸡

手机扫一扫
视频同步做

酱爆鸡丁

手机扫一扫
视频同步做

鸡 翅

营养成分 主要含有蛋白质、脂肪、糖类、维生素 A、维生素 B_1 、烟酸及钙、磷、钾、钠等矿物质。并含胶原蛋白。

鸡翅的安全选购

一看颜色	新鲜鸡翅的外皮色泽白亮或呈米色，并且富有光泽，购买时最好选择发黄发干的鸡翅，肉色发亮，没有断骨，表面没有淤血；不要买鲜亮发白、水分太多的鸡翅，这类鸡翅用火碱水浸泡过，吸收了大量水分，增重 20% 左右，显得更肥些。火碱还能漂白鸡翅表面的黑色素，使鸡翅看上去更干净，而且不容易变质。但火碱有强腐蚀性，严禁在食品中使用。
二看外表	新鲜鸡翅的外皮无残留毛及毛根，肉质富有弹性，并有一种特殊的鸡肉鲜味。
三看价格	价格也是判断鸡翅好坏的因素之一，价格过低，则要警惕，更重要的是看销售渠道，最好去正规的商超和卖场买带包装的鸡翅，以方便追踪溯源。

鸡翅的食品安全问题

食用注射过激素的鸡翅过多，很可能会积累那些激素类化学物质，从而对人体造成伤害。其实，现代养鸡场使用激素的情况没有大家想象的那么多，由于选种优良及科学喂养，现在的鸡一般喂养 40 多天便可以出笼，且激素的使用还容易对鸡造成伤害，使其死亡率增加，故现在大多数商家不会这样做，但不能避免少数商家没有严格监管、滥用药物，这样的话选择鸡翅部位注射激素 ，容易沉积在翅尖中，因此选购时一定要擦亮双眼，安全选购。

美食推荐

手机扫一扫
视频同步做

香辣鸡翅

鸭蛋

营养成分 主要含蛋白质、脂肪及钙、磷、铁、钾、钠、氯等。鸭蛋中的蛋白质含量和鸡蛋相当，而矿物质总量远胜鸡蛋。

鸭蛋的安全选购

一看	好蛋的外壳新鲜，有一层白霜。霉蛋（由于雨淋或受潮而霉变的蛋）的外壳有灰黑色斑点；臭蛋的外壳发乌。
二听	将一个蛋拿在手里相互轻碰（俗称抖蛋）。好蛋发出的声音实，似碰击砖头声，空头大的有洞声，裂纹蛋有“啪啪”声，贴皮蛋、臭蛋似敲瓦碴子声。
三照	利用日光灯或灯光进行照看。好蛋透亮，臭蛋发黑，散黄蛋似彩红贴皮局部发红，黑贴皮局部发黑，泻黄蛋模糊不清，热伤蛋的蛋黄膨胀，气室较大。
四闻	新鲜蛋无异味、有蛋腥气；如蛋壳有露气或臭气的是霉蛋或坏蛋；有汽油、农药等异味的是污染蛋。

鸭蛋的食品安全问题

人造鸭蛋的蛋清是用海藻酸钠、明矾、明胶、食用氯化钙加水、色素等进行调配而成的；蛋黄加柠檬黄色素、氯化钙混合倒入模具形成蛋形即可；而蛋壳先做模具，将树脂、滑石粉等搅拌后倒进模具里，反复摇晃。然后再用针管将做好的蛋清慢慢推进去，再推入蛋黄，然后再用蛋清充满。

识别人造鸭蛋的方法有以下几点。

人造的鸭蛋售价会比真鸭蛋低一些，个头也偏大。

人造蛋蛋壳两端有穿孔痕迹，在晃动时人造蛋会有响声，这是因为水分从凝固剂中溢出的缘故。

人造蛋打开后不久蛋黄、蛋清就会融到一起，这是因为蛋黄与蛋清是同质原料制成所致。

打荷包蛋时，蛋黄、蛋清在锅里会散黄；煮熟后，蛋清与蛋黄界限分不清，没有整个圆圆的蛋黄。

美食推荐

鸭蛋炒饭

手机扫一扫
视频同步做

鸭蛋鱼饼

手机扫一扫
视频同步做

鸡蛋

营养成分 主要含有蛋白质、脂肪、磷脂等。

鸡蛋的安全选购

一看	首先要看鸡蛋外壳是否干净和完整，有没有破碎的痕迹和发霉的污点，一般如果蛋壳表面特别光滑，那么可能已经存放很长时间了。
二摇	以轻轻摇一下，新鲜的鸡蛋音实而且无晃动感，而存放时间长的鸡蛋可能有一些水声。
三照	购买的时候可以对着光照一照，看看有没有气室，一般气室很大的就不是新鲜鸡蛋。
四掂分量	同样大小的鸡蛋，更重的一般更新鲜。
五打蛋	新鲜的鸡蛋打到碗里，一般蛋黄会比较饱满，呈圆形，而且会与蛋清有很明显的分层。

鸡蛋的食品安全问题

对于鸡蛋的食品安全问题，首先危害最为严重的就是“生鸡蛋”。有很多人喜欢生吃鸡蛋，尤其男性，外界流传这样吃鸡蛋会起到壮阳的作用，但其实一点科学依据都没有，而生鸡蛋中可能带有许多沙门氏菌，吃到体内是非常危险的，很容易就会造成食品感染中毒，急性中毒为肠胃炎症状；腹泻、腹痛、发烧等；重则可能还会给身体造成不可逆的影响。

其次就是溏心鸡蛋，鸡蛋烹调温度达到 70 ~ 80℃的时候才可以杀灭沙门氏菌，当蛋黄凝结的时候说明已经接近这个温度，而溏心鸡蛋中心温度并没有达到这个温度，所以不能彻底杀灭沙门氏菌，因此，不建议大家吃溏心鸡蛋。

美食推荐

松花蛋

营养成分 主要含蛋白质、脂肪、糖类、叶酸、胆固醇、维生素 A、维生素 E、维生素 B_1、维生素 B_2、烟酸等。

松花蛋的安全选购

一用眼去看	把松花蛋放在灯光下透视，品质良好的松花蛋里面的气室较小，透光面积小。蛋白呈暗红色，蛋黄完整。
二用手感觉	用手把松花蛋抛向空中，再落回手中（要准确哦，千万别落地），反复几次。质量好的松花蛋，感觉松花蛋清、黄在里面有种弹性，沉重的感觉。没有弹性的是劣蛋。
三用耳听	用手将松花蛋放在耳边摇晃，没有响声的是好蛋。有拍水声的是糟头蛋，有“咚咚咚”响的是响水蛋。

美食推荐

手机扫一扫
视频同步做

粉皮松花蛋

Part

6

水产类

海带

营养成分 主要含有碘、铁、钙及甘露醇、胡萝卜素等。海带是一种含碘量很高的海藻，能被人体直接吸收，有利于治疗甲状腺肿大。

海带的安全选购

一看完整性	将海带卷打开，看看海带是否是完整的，叶片是不是厚实。如果海带比较小而且比较碎，就不要选购。
二看表面	因为海带是含碘较高的食品，另外还有甘露醇。它们都是呈白色的粉末状附在海带的表面。不要以为这是劣质霉变的海带，没有任何白色粉末的海带才是我们需要担心的，不要进行选购。
三看厚度	海带叶宽厚、色泽浓绿或无枯黄叶，就是优质海带。并且手摸无黏手的感觉。
四看小孔	如果海带表面有小孔洞或者大面积的破损，则代表着海带出现过虫蛀或者霉变的情况，不能选购。

海带的食品安全问题

我们该如何避免购买到经化学加工的海带呢？

看海带的颜色。正常海带的颜色是褐绿色或者土黄色；如果出现翠绿色的海带，可能就是经过添加色素浸泡而成的，需要格外注意，不能选购。

凭手感来鉴别。褐绿色的海带挑选黏性大的，墨绿色的海带经过加工后，就没有黏性了。如果是经过处理的海带，摸起来是没有韧性的。

闻味道。没有经过漂染的海带，海鲜的味道比较浓厚；经过漂染处理过的海带，其味道就会减少，而是出现染色剂的刺鼻味道。

美食推荐

黄花菜拌海带丝

手机扫一扫
视频同步做

青椒海带丝

手机扫一扫
视频同步做

海带拌彩椒

手机扫一扫
视频同步做

紫菜

营养成分 主要含有碘、铁、磷、钙及维生素 B_2 等，紫菜中还含有一定量的甘露醇，可作为治疗水肿的辅助食品，常食有益。

紫菜的安全选购

一是闻	如果紫菜有海藻的芳香味，说明紫菜质量比较好，没有污染和变质；如果有腥臭味、霉味等异味，则说明紫菜已经变得不新鲜了。
二是看	如果紫菜薄而均匀，有光泽，呈紫褐色或紫红色，则说明紫菜质量良好；如果紫菜厚薄不均，光泽度差，呈红色并夹杂有绿色，则说明紫菜质量较差。
三是摸	以干燥、无沙砾为良质紫菜。如果有潮湿感，说明紫菜已经返潮；如果摸到沙砾，说明紫菜杂质太多。这两种情况都说明紫菜质量较差。
四是泡	优质紫菜泡发后几乎见不到杂质，叶子比较整齐；劣质紫菜不但杂质多，而且叶子也不整齐。紫菜如果经泡发后变为绿色，则说明质量很差，甚至是其他海藻人工上色假冒的。而变色的紫菜不宜食用。

紫菜的食品安全问题

紫菜的营养丰富，含碘量高，因此在市面上备受欢迎。紫菜收获的时候是一茬接一茬的，用行话来说就是一水（第一次收获），这时收上来的紫菜外观鲜嫩、口感美味，往后则为二水、三水、四水，越往后紫菜的质量越一般。有些不法商贩会通过给较老的紫菜染色或用低价的海藻染色后冒充鲜嫩紫菜售卖，抬高单价，食用这样的紫菜容易对身体造成损害，甚至导致重金属中毒。

美食推荐

手机扫一扫
视频同步做

紫菜馄饨

海参

营养成分 含有丰富的蛋白质和钙等。海参中的胶原蛋白含量高，不仅可以生血养血、延缓机体衰老，还可使肌肤充盈、皱纹减少。

海参的安全选购

一看颜色	真海参的颜色是偏棕褐色、棕黑色的，并且海参的色泽显示较为均匀，水中浸泡不会掉色。人造海参颜色黑得发亮，水一浸泡就会掉色。
二看外形	真海参的参刺长短不一，无残缺，表面无损伤。而人造海参用手摸起来就弹性不大，太过于整齐，容易受到损伤。
三看内部	真海参即使将内脏全部掏空，在其内壁也会残留筋状痕迹。而如果是人造海参的话则内部光滑，没有任何痕迹，而且两端封闭，没有开口。

海参的食品安全问题

海参中的蛋白质含量比较高，可以达到50.2毫克/100克，比猪瘦肉还高。其所含有的蛋白质属于胶原蛋白，并不是我们人体所需要的优质蛋白质，对于消化吸收来言，效果并不好。但是海参有一定的多糖类物质，能够起到抗氧化、增强机体抵抗力的作用，大家选购之后可以进行煲汤、煲粥、红烧等烹饪食用，但是要适量。

泡发海参时，切莫沾染油脂、碱、盐，否则会妨碍海参吸水膨胀。

美食推荐

枸杞海参汤

手机扫一扫
视频同步做

大蒜海参粥

手机扫一扫
视频同步做

海参豆腐汤

手机扫一扫
视频同步做

带 鱼

营养成分 主要含蛋白质、脂肪、维生素B_1、维生素B_2、烟酸及钙、磷、铁、碘等。

新鲜带鱼的安全选购

一看鱼体	色暗无光泽，肉质松软萎缩者一般是劣质带鱼。
二看鱼鳃	鳃越鲜红就说明越新鲜。
三看表面	呈灰白色或银灰色且有光泽，不能是黄色，黄色表明不新鲜（发黄是银白鳞的脂肪氧化）。同时看银白色“鳞”有没有掉，银白鳞的营养价值很高，里面含有六硫代鸟嘌呤，如果掉得比较多，说明带鱼被搬运的次数比较多，是重新包装的，鱼就不新鲜，同时营养价值会大打折扣。
四看鱼肚	鱼肚有没有变软破损，发软破裂的就不新鲜。

冻带鱼的安全选购

一看眼睛	眼球凸起，黑白分明，洁净没有脏物的就是好的；如果眼球下陷，眼球上有一层白蒙就是差的。
二看冰层	有的带鱼冰层重量是带鱼的一倍，买着便宜吃起来不划算，还有就是没有冰层的，这种鱼价格高，但是你可以看到它的银白鳞掉得很多（冰层有保护鱼鳞的的作用）。所以我们在选购时要挑那些冰层适中的，这样我们买回去也好保存，不至于把银白鳞弄掉。

带鱼的食品安全问题

有一些不法商贩会在带鱼中加入甲醛进行保鲜。甲醛就是我们平常所说的福尔马林，主要起增色、防腐、保鲜的作用。加入到带鱼之中可以延长带鱼的保质期，还能够使得带鱼颜色更鲜亮，更富有弹性。但是甲醛属于非法添加物，是国家二级有毒物质，对我们身体健康很不利。所以在选购的时候，一定要闻是否有异味，捏肉质看是否结实，不能只看外表的鲜亮程度。

鳕 鱼

营养成分 含有丰富的蛋白质、DHA以及多种维生素。

鳕鱼的安全选购

一问产地	市场上销售的银鳕鱼、扁鳕鱼等多产于加拿大、俄罗斯等国，这些鳕鱼的肉质比较紧密，是料理店常用的材料。而中国的银鳕鱼多见于黄海和东海北部。主要渔场在黄海北部、山东高角东南偏东区域。
二看颜色	真鳕鱼的肉颜色相对来说比较洁白。假鳕鱼颜色呈黄色。
三看鱼鳞	真鳕鱼的鱼鳞比较锋利，就像针刺一样。假鳕鱼则无此特点。
四用手触摸	当鱼肉解冻之后，真鳕鱼摸上去就会很柔滑。假鳕鱼则相对粗糙一点。
五看鱼干	真正的鳕鱼口感细腻，中间是没有淡黄或者淡红的线条。如果发现有这样的线条，多半是假的。

鳕鱼的食品安全问题

鳕鱼具有较高营养价值，富含的不饱和脂肪酸对于儿童智力和视力的发育、成人降低血脂等方面都是很有益处的，但是一定要仔细鉴别。

市面上有一种很像鳕鱼的鱼，常备用来以假乱真，这种鱼的学名叫做“蛇鲭”，又称为“油鱼”。这种鱼的脂肪含量可以高达 20%，并且是以蜡质的形式存在的，不能为人体消化吸收，就如我们不能消化膳食纤维一样。因此吃这种假鳕鱼，就会造成严重的腹泻，所以一定要辨别好真假鳕鱼。

美食推荐

手机扫一扫
视频同步做

西蓝花
豆酥鳕鱼

鱿鱼

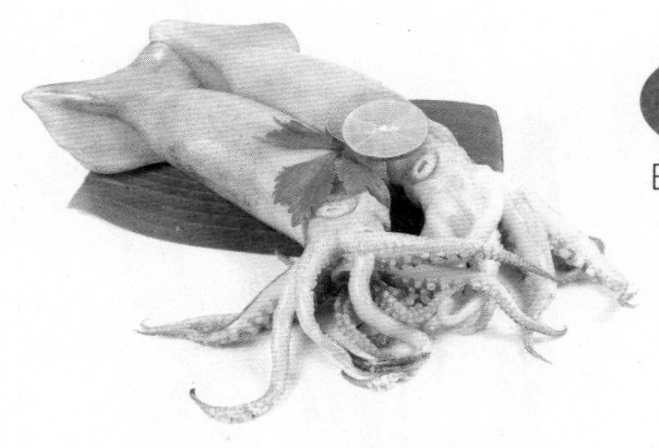

营养成分 富含蛋白质、牛磺酸、维生素B_1及钙、磷、铁、硒、碘、锰、铜等。

鱿鱼的安全选购

一看形体	躯干部较肥大的鱿鱼，它的别称叫枪乌贼，躯干部细长的鱿鱼，它的别称是柔鱼，小的柔鱼俗名叫“小管仔”。
二看颜色	优质鱿鱼体形完整坚实，呈粉红色，有光泽，体表面略现白霜，肉肥厚，半透明，背部不红。劣质鱿鱼体形瘦小残缺，颜色赤黄略带黑，无光泽，表面白霜过厚，背部呈黑红色或霉红色。
三触手感	挑选鲜鱿鱼时，先按压一下鱿鱼身上的膜，新鲜鱿鱼的膜紧实、有弹性，还可扯一下鱿鱼头，鲜鱿鱼的头与身体连接紧密，不易扯断的较优质，宜选购。

鱿鱼的食品安全问题

鲜的鱿鱼外表会有一层略深的表皮，虽然可以吃，但最好还是除掉比较好。因为这层皮比较韧，烹饪不好会不好嚼。所以一般来说煮鱿鱼之前最好要把身上的黑皮去掉。

把鱿鱼放入加有 100 克白醋的水中浸泡 3 分钟，用刀在鱼背上划两刀，再用手捏住鱿鱼的三角头向下拉，这样就能把鱿鱼背上的皮拉掉，再用手把鱿鱼其它部位的皮剥掉，这样就可以了。

快速去除鱿鱼皮还可以把鱿鱼泡在食醋里大概 10 分钟后那层皮就好撕了，而且不会影响口感，还能杀菌消毒。

吃鱿鱼需要注意以下几点。

鱿鱼须煮熟透后再食用。皆因鲜鱿鱼中有一种多肽成分，若未煮透就食用，会导致肠运动失调。

吃鱿鱼时不要喝啤酒。鱿鱼是海鲜类产品，是高蛋白、低脂肪食物，含有嘌呤和苷酸两种成分；啤酒则含有维生素 B_1，它是嘌呤和苷酸分解代谢的催化剂。两者一起食用会导致人体血液中的尿酸含量增加，破坏原来的平衡。

患有湿疹、荨麻疹等疾病的人忌食。每 100 克鱿鱼的胆固醇含量高达 615 毫克，是肥肉胆固醇含量的 40 倍、全脂奶的 44 倍、墨斗鱼的 3.4 倍、带鱼的 11 倍。

所以，鱿鱼虽然是美味，但是并不是人人都适合吃。高脂血症、高胆固醇血症、动脉硬化等心血管病及肝病患者就应慎食。鱿鱼性质寒凉，脾胃虚寒的人也应少吃。

美食推荐

串烤
鱿鱼花

手机扫一扫
视频同步做

鱿鱼须
炒四季豆

手机扫一扫
视频同步做

干煸
鱿鱼丝

手机扫一扫
视频同步做

虾

营养成分 主要含有蛋白质、维生素 B_1、维生素 B_2、烟酸及钙、磷、铁、硒等。

虾的安全选购

一体形弯曲	目前，很多朋友都不太喜欢体形弯曲的虾来食用，主要是因为这样的虾一般看上去个头都比较小，而且不容易去壳，可是大家并不知道，新鲜的虾是要头尾完整，头尾与身体紧密相连，虾身较挺，有一定的弹性和弯曲度的，如果你选择的虾头与体、壳与肉相连松懈，头尾易脱落或分离，不能保持其原有的弯曲度，那么它有很大的可能是不新鲜的虾，更有可能是死虾。
二体表干燥	鲜活的虾体外表洁净，用手摸有干燥感。但当虾体将近变质时，甲壳下一层分泌黏液的颗粒细胞崩解，大量黏液渗到体表，摸着就有滑腻感。如果虾壳黏手，说明虾已经变质。
三颜色鲜亮	虾的种类不同，其颜色也略有差别。新鲜的明虾、罗氏虾、草虾发青，海捕对虾呈粉红色，竹节虾、基围虾有黑白色花纹略带粉红色。如果虾头发黑就是不新鲜的虾，整只虾颜色比较黑、不亮，也说明已经变质。

接上表

四肉壳紧连	新鲜的虾壳与虾肉之间黏得很紧密，用手剥取虾肉时，虾肉黏手，需要稍用一些力气才能剥掉虾壳。新鲜虾的虾肠组织与虾肉也黏得较紧，假如出现松离现象，则表明虾不新鲜。
五没有异味	新鲜的虾有正常的腥味，如果有异臭味，则说明虾已变质。

虾的食品安全问题

因为虾含有丰富的组氨酸，是虾呈鲜味的主要成分。虾一旦死亡，组氨酸即被细菌分解成对人体有害的组胺物质。此外，虾的胃肠中常含有致病菌和有毒物质，死后虾体极易腐败变质。而且随着虾死亡时间的延长，所含有的毒素积累的更多，吃了便会出现食物中毒现象。吃不完的虾要放进冰箱冷藏，再次食用前需加热。

美食推荐

辣味椰子虾

手机扫一扫
视频同步做

盐水虾

手机扫一扫
视频同步做

Part

7

饮品及调料调味品类

酸奶

营养成分 和鲜牛奶相比，酸牛奶不但具有新鲜牛奶的营养成分，而且还能使蛋白质结成细微的乳块，更容易被消化吸收。

酸奶的安全选购

一选口味	酸奶尽量购买原味的，避免各类添加剂成分。
二看日期	一般的酸奶保质期都在 21 天左右，购买酸奶挑最接近出厂日期的，因为时间越长，有益菌群消失得越多。
三看厂家	尽量选择大厂家生产的酸奶，因为相比一些小厂家而言，大厂家的酸奶会更让人放心一些，经过的审核认证也会更多一些。

酸奶的食品安全问题

由于酸奶的生产工艺需要，添加剂的使用是允许的，只要合理限量使用，并不会对人体健康造成危害。但是有些不良商贩为了延长酸奶的保质期、降低生产成本、丰富酸奶口味等，会过量使用不合格的添加剂，这样的话就会对人体健康造成威胁，也是奶制品市场上存在的主要安全隐患之一。

酸奶是在牛奶的基础上经发酵得来，发酵过程中便需要微生物的参与，但是由于环境中存在着大量的细菌，因此在发酵前必须对原料牛奶和发酵器具等进行杀菌，一般大型企业皆能达到合格的杀菌标准，而自制的酸奶则很难做好这一点，于是生产出来的酸奶便存在着有害菌的污染问题。

美食推荐

酸奶草莓

手机扫一扫
视频同步做

圣女果酸奶椰子油汁

手机扫一扫
视频同步做

胡萝卜酸奶浓汤

手机扫一扫
视频同步做

牛奶

营养成分 牛奶含有优质的蛋白质和容易被人体消化吸收的脂肪、钙、维生素A、维生素D，因此被人们称为“完全营养食品”。牛奶包括人体生长发育所需的全部氨基酸，消化率达98%，为其他食品所不及。

牛奶的安全选购

一看营养标签	看配料表（每种食品的标签上，配料表都是按照其所占比例由多到少依次排序的）。若配料表中只有生牛乳，那恭喜你，你买到的是真正的纯牛奶。
二辨别杀菌方式	巴氏杀菌奶：消毒温度在60~70℃，时间30分钟，因其消毒温度低，对营养素的损失较少，奶质比较新鲜。但它灭菌不彻底，且保存方式会受限制，要求2~6℃冷藏，外出携带不方便。 超高温灭菌奶：消毒温度为120~130℃时灭菌，消毒彻底，因其温度高，营养素有部分损失，比如维生素C，不过牛奶中本身维生素C含量就不高，所以可忽略不计。超高温灭菌奶保存时间长，常温密闭可保存45天，外出携带方便。 消费者可根据自身需求来选择。

牛奶的安全问题

生产者为降低生产成本，选用价格低廉的饲料喂养奶牛，这样就容易导致原奶质量差，其中大量使用低蛋白饲料、钙磷比例不当饲料，大量添加人工香味剂是较为常见的手段，这样做不仅会导致原奶质量差，长期食用也容易对人体造成损害。此外，饲料中若是已经被杀虫剂、除草剂、工业废水污染过，也会通过食物链进入人体中。

有些商贩在奶牛生病服药期间仍然往外输出牛奶，这样就很容易导致原料奶中含有超量的残留药物。有的商家为追求产量，还会对奶牛过量使用催产素、黄体酮等激素。

此外，为了提高原奶中乳的密度，还会掺入食盐、硝酸钠、亚硝酸钠等物质；为了降低乳的酸度，掩盖乳的酸败，还会掺入碳酸钠、明矾、氨水等中和剂；为了增加乳的比重，还会掺入尿素、蔗糖等物质，这些物质都是目前牛奶所存在的安全隐患。

美食推荐

牛奶洋葱汤

手机扫一扫
视频同步做

牛奶鲫鱼汤

手机扫一扫
视频同步做

牛奶豆浆

手机扫一扫
视频同步做

啤酒

营养成分 富含糖类、蛋白质、二氧化碳、维生素及钙、磷等。

啤酒的安全选购

一闻香气	质优的啤酒，应具有明显的麦芽清香和酒花特有的香气；较次的啤酒，麦芽清香和酒花香气不明显；劣质啤酒会有生酒、老化气味以及其他不正常的异香气。
二尝味道	质优的啤酒，喝到嘴里有非常爽口的感觉，没有异味、涩味等。酿造不好、质次的啤酒，不仅口味平淡，而且会带有苦味、涩味，有的还会带有酵母臭味、不成熟的啤酒味以及其他不正常的异味等。

美食推荐

手机扫一扫
视频同步做

啤酒草鱼

黄酒

营养成分 主要含有氨基酸、葡萄糖、麦芽糖、钙、乳酸等。

黄酒的安全选购

一看颜色	黄酒的颜色多为黄色，包括浅黄、金黄、禾秆黄、橙黄、褐黄等，另外还有橙红、褐红、宝石红、红色等。色泽带有一种带颜色的亮光，指黄酒装在瓶里或倒入玻璃杯中显示的晶莹透亮，或迎光侧视而闪闪有光的现象。
二闻香气	黄酒常呈现醇香、原料香、曲香、焦香、特殊香等香气，优质黄酒的香气融和协调，呈现出浓郁、细腻、柔顺、幽雅、舒适、愉快的感觉，而不会出现粗杂的现象。

美食推荐

手机扫一扫
视频同步做

黄酒煮黑豆

白酒

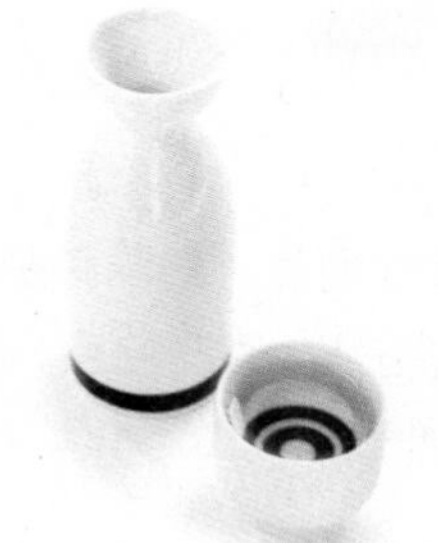

营养成分 白酒是用高粱、米糠、玉米、红薯、稗子等粮食或其他果品发酵、蒸馏而成，主要含有水、乙醇、铜、锌等物质。

白酒的安全选购

一搓白酒	用食指蘸一滴白酒，与拇指互相揉搓至发热。由粮食酿造而成的白酒，成分复杂，揉搓后手指有黏稠感，香味醇厚不易挥发，手指干了之后仍有香味，可以持续几个小时，甚至洗手之后仍有酒香味。而勾兑酒含酒精、香精，均为易挥发物质，故而挥发快，揉搓之后手指遗留的味道比较淡。
二品口感	品尝白酒的口感，酿造的白酒不燥辣，顺口，无异味，饮后不上头。而勾兑的酒，有很大的香精味，后味很短，口感很差，难以下咽，饮后不爽。
三加水实验	先把酒倒在干净的玻璃杯中，然后加些清水，摇晃后，如果酒仍然是清澈的，则是酒精兑制酒。粮食酿制酒加入清水后，会稍有混浊。这是因为加了水以后，酒精被稀释，白酒中的高级脂肪乙酯在低度酒中溶解度降低，从而析出，造成失光混浊，而酒精中这类物质甚微，所以加水后不会混浊。

葡萄酒

营养成分 主要含糖类、白藜芦醇、有机酸、氨基酸、单宁酸、原花色素、槲皮酮、维生素、矿物质等。

葡萄酒的安全选购

一看外观	当葡萄酒还未开封，瓶塞凸起或者瓶口发黏时，表明这瓶酒品质存在问题，不宜购买。
二看标签	葡萄酒瓶上会标明厂址、厂名、保质期、酒精度、产品类型、原料，如果标示不清，最好不要购买。
三看酒体	一般情况下，葡萄酒呈现宝石红、淡金色、桃红色等。当葡萄酒变质后，酒体会变得浑浊，没有正常葡萄酒那样清澈。遇到颜色浑浊不自然的葡萄酒时，最好不要选购，因为可能是变质葡萄酒或勾兑葡萄酒。

葡萄酒的安全问题

目前，市面上出现了许多勾兑的假冒葡萄酒，也就是“没有葡萄的葡萄酒”，有很多黑心商家用一些添加剂勾兑葡萄酒，成本低廉，对身体没有任何的营养价值。

值得我们关注的是，这样勾兑出的假葡萄酒，其中使用的人工色素含有偶氮苯类物质，如果长期摄入很可能致癌。虽然喝酒之后不会立刻产生不良反应，但是它会在人体内慢慢蓄积，会长期对身体产生危害。而且这类假酒由于生产过程不符合标准，非常容易受到一些有害微生物的污染。

美食推荐

红酒烩鸡肝苹果

手机扫一扫
视频同步做

红酒香肠

手机扫一扫
视频同步做

黄油

营养成分 含有蛋白质、维生素、脂肪酸、醣化神经磷脂、胆固醇及钙、磷、钾、钠、镁等。

黄油的安全选购

一看颜色	选择色泽天然、颜色偏黄的黄油为佳。
二闻气味	原装的黄油不会有太浓的味道，但是溶化后会有很纯的奶香味。如果沾在手上，虽然经过香皂清洗，但是依旧能留有黄油的味道。
三观质地	仔细看切开黄油的切面，质地紧密，黄油切割的横断面比较平整，不会发生松散断裂的情况。

美食推荐

手机扫一扫
视频同步做

黄油曲奇

食用油

营养成分 食用油的种类很多，根据不同种类，其主要营养成分也不同，如芝麻油含甘油酯、芝麻素、芝麻酚等；大豆油富含卵磷脂和不饱和脂肪酸；橄榄油富含不饱和脂肪酸、矿物质和维生素等。

食用油的安全选购

一看色泽	品质好的豆油为深黄色，一般的为淡黄色；菜籽油为黄中带点绿或金黄色；花生油为淡黄色或浅橙色；棉籽油为淡黄色。
二闻气味	用手指蘸一点食用油，抹在手掌心，搓后闻其气味，品质好的油，应视品种的不同具有各自的油味，不应有其他的异味。
三看透明度	透明度高，水分杂质少，质量就好。好的植物油，经静置24小时后，应该是清晰透明、不混浊、无沉淀、无悬浮物的。
四品滋味	用筷子蘸上一点油放入嘴里，不应有苦涩、焦臭、酸败的异味。

食用油的安全问题

市面上有很多食用油会利用模糊不清的食品名来迷惑消费者。大家现在在超市中可以经常见到橄榄调和油，通常它会摆在超市货架比较显眼的位置，这种橄榄调和油的承装容积一般比橄榄油大很多，而且价钱还比纯正橄榄油便宜很多，有的可能 5 升左右才卖到 100 多块钱，但纯正的橄榄油 1 升就会卖到 100 多元。所以大多数人觉得这是在“捡便宜”，马上就会买上两桶。但是，大家觉得“橄榄调和油”真的就是橄榄油吗?

其实，对于这类“调和油”，国家没有具体的限定可以这么说，一桶 5 升的橄榄调和油，刨去里面绝大多数的“基油”以外，加入 1 升橄榄油可 v 以叫“橄榄调和油”；加入 1 滴橄榄油也可以叫“橄榄调和油”，而这桶油当中那绝大部分的基油大多都是我们平常吃的花生油、大豆油等油脂，这就是商家在食品的名称类别上投机取巧，蒙蔽消费者，所以，我们在购买食用油的时候应该仔细查看食品包装上的标签及成分表。

植物油精炼过程中一般包括脱胶、脱酸、脱色、脱臭和脱蜡，而其中为了使食用油的外观好看，脱色过程中很可能过度使用添加剂从而带来重金属污染的问题，因此选购食用油时不是颜色越淡越好。此外，为了使食用油的口感较好，有些商家也会在食用油中添加香精，香精中的苯乙醛、苯乙二甲醛等物质都会给人体肝脏带来很大的负担，同时也会破坏维生素，降低食用油的营养价值。

美食推荐

橄榄油芹菜拌核桃仁

手机扫一扫
视频同步做

香菇牛柳

手机扫一扫
视频同步做

糖醋里脊

手机扫一扫
视频同步做

白糖

营养成分 白糖是由甘蔗和甜菜榨出的糖蜜制成的调味品，白糖色白，干净，甜度高，主要分为二大类，即白砂糖和绵白糖，主要含有葡萄糖、果糖、氨基酸及钙、铁等。

白糖的安全选购

一看外观	白砂糖外观干燥、松散、洁白、有光泽，平摊在白纸上不应看到明显的黑点。
二闻味道	轻抓一些白糖，用鼻闻没有任何怪异气味。
三摸一摸	用手摸时不会有糖粒沾在手上，说明含水量低，不易变质，易于保存。
四尝一尝	取一些白糖溶在水中，无沉淀物、絮凝物和悬浮物出现，尝其溶液味清甜，无任何杂味和异味。

白糖的安全问题

制糖工艺中有一步是硫漂白工序，如果严格按照工艺流程走一般没有问题，但有些检测也表明白糖含有二氧化硫超标的问题，因此购买时要选择经过检验认证的白糖。

白糖在运输、储藏的过程中，如果没有严格按照要求把关，容易使白糖被螨虫污染，这些螨虫是我们肉眼所看不见的，一旦我们吃了这些白糖，螨虫进入消化道就容易引起消化道疾病，一般建议白糖或添加白糖的食物加热处理后再食用，一般加热到 70℃以上，加热 3 分钟，螨虫便会死亡。

美食推荐

山楂白糖粥

手机扫一扫
视频同步做

花生白糖包

手机扫一扫
视频同步做

蒜

营养成分 富含大蒜素及蛋白质、脂肪、糖类、B 族维生素、维生素 C 等。

蒜的安全选购

一看大小	品质优良的大蒜蒜头大小均匀，蒜瓣饱满。
二看外表	应选择蒜皮完整而不开裂，无干枯与腐烂，蒜身干爽无泥，不带须根，无病虫害，不出芽的，如果蒜瓣不完整，有虫蛀，蒜瓣干枯失水或发芽则为劣质大蒜，不宜选购。
三闻味道	优良的大蒜有一股自然的蒜味，而且蒜瓣饱满。劣质大蒜会变软、变黄，甚至会有一股异味。

美食推荐

手机扫一扫
视频同步做

蒜蓉油麦菜

葱

营养成分 主要含维生素、胡萝卜素、苹果酸及钙、镁、硒等。

葱的安全选购

小葱	品质好的小葱叶色青绿，无枯尖和干枯霉烂的叶鞘，不湿水，葱株均匀，完整而不折断，扎成捆，干净无泥，不夹杂异物，无斑点叶及枯霉叶。品质差的粗细不均匀，有折断或损伤，有枯尖，葱体不干净，夹杂泥土。存在食品品质问题的小葱叶子萎蔫，叶鞘干枯，有枯黄叶、斑点叶及霉烂叶。
大葱	品质好的大葱新鲜青绿，无枯、焦、烂叶，葱株粗状匀称、硬实，无折断，扎成捆，葱白长，管状叶短，干净，无泥无水，根部不腐烂。

美食推荐

手机扫一扫
视频同步做

葱油花卷

生姜

营养成分 主要含有姜醇、姜烯、水芹烯、柠檬醛、芳樟醇等。

生姜的安全选购

一看颜色	正常的姜较干，颜色发暗。“硫黄姜”较为水嫩，呈浅黄色，用手搓一下，姜皮很容易剥落。
二闻气味	买生姜可以先闻一下，涕灭威是具有硫黄气味的白色结晶，如果生姜用过该农药，可能会残留硫黄的味道；如果是用硫黄熏的，有一种清淡的硫黄味，或者有其他的异味。
三尝滋味	掰下一小块姜尝一尝，如果是用硫黄熏的，辛辣味淡也就是说姜味很淡，或者有其他的杂味。

美食推荐

手机扫一扫
视频同步做

醋泡生姜茶